KB210001

위스키

위스키, 스틸 영

2025년 1월 3일 1판 1쇄

지은이 박병진
편집 최일주, 이혜정, 홍연진 | **디자인** 디자인 「비읍」 | **제작** 박흥기
마케팅 양현범, 이장열, 김지원 | **홍보** 조민희
인쇄 코리아피앤피 | **제책** J&D 바인텍

펴낸이 강맑실 | **펴낸곳** (주)사계절출판사 | **등록** 제406-2003-034호
주소 (우)10881 경기도 파주시 회동길 252
전화 031)955-8588, 8558
전송 마케팅부 031)955-8595, 편집부 031)955-8596
홈페이지 www.sakyejul.net | **전자우편** skj@sakyejul.com
페이스북 facebook.com/sakyejul | **인스타그램** instagram.com/sakyejul
블로그 blog.naver.com/skjmail

ISBN 979-11-6981-350-1 03570

위스키, 스틸 영

박병진 지음

Whisky, Still young

위스키 이야기 없는 위스키 책

바야흐로 위스키whisky의 시대이다. 즐거운 자리에서 자연스럽게 하이볼highball, 스트레이트straight, 온더록스on the rocks 등 다양한 방식으로 위스키를 즐기고 있다. 2030 또는 3040 세대가 각자 자신의 스타일에 맞추어 위스키를 즐기는 모습은, 나를 포함한 이전 세대들이 음습한 지하 유흥주점에서 일말의 죄책감을 느끼며 마셔왔던 위스키 문화와는 완전히 다르다. 기성세대의 모습은 그것대로 고도성장기의 애환과 시대정신을 보여준다고 볼 수 있지만, 어쨌든 지금은 점점 사라져가는 어제의 문화이다.

이제 우리 사회는 대량생산과 대량소비의 변곡점을 지났고, 음주문화 또한 소득증가에 따라 자연스럽게 다양한 변화를 거쳐왔다. 여기에 더해서 최근 인구통계학적인 구조 변화도 음주문화의 빠른 변화에 크게 한몫을 한다. 성년이 되어 음주 시장으로 진입하는 새로운 세대들이 점점 줄어드는 현상이다. 저출산으로 인해 이 현상은 더욱 가속화되고 있다. 음주 자체는 개인의 선택이나 적어도 그 문화와 뿌리에 대한 이해는 필요한 것이 아닐까?

위스키는 원래부터 우리 것이 아니고 서양 문명에서 만들어지고 발전해온 것이기에 우리가 그 문화와 내밀한 이면을 완벽하게 이해하기란 사실상 쉽지 않다. 시중에 쏟아져나온 수많은 위스키 관련 서적들은 넓고 풍부한 지식과 정보를 전해주지만, 시시콜콜 각 위스키의 역사와 깨알 같은 관련 정보, 한국인으로서는 선뜻 이해할 수 없는 맛과 향에 대한 서양식 표현을 보자면 위스키깨나 마셔본 나로서도 잘 이해하지 못하는 내용이 많다. 거기에다 유튜브를 비롯한 새로운 영상매체들도 엄청난 정보를 쏟아내니 오히려 그 취사선택을 더욱 어렵게 할 뿐이다.

이 책은 시중에 많이 나와 있는 위스키 전문 정보나 위스키 로드를 안내하는 책이 아니다. 이 책 어디에도 위스키의 제조 방법이나 시음하는 방법, 그리고 위스키의 연도별 특징 같은 내용은 없다. 다만 위스키를 중심으로 한 역사와 정치, 인문과 지리, 최소한의 문화적 배경에 관한 내용을 담았을 뿐이다. 독자들이 부담 없이 위스키에 접근하게끔 되도록 재미있는 이야기를 곁들여 꾸몄다. 위스키 마니아가 아니라도, 술을 마시지 않더라도, 21세기를 살아가는 코스모폴리턴으로서 왜 세계인이 위스키에 열광하는지, 위스키가 역사의 면면에 어떤 자취를 남겼는지, 그 숱한 이야기에 한번쯤 귀 기울여보기를 바란다.

나아가 이 책을 편하게 읽으면서 자연스럽게 기억된 내용이 교양인들 사이의 대화에 도움이 된다면 더욱 좋겠다. 우리가 영어 공부를 아무리 열심히 하더라도 언어는 언어 그 자체만이 전부가 아니다. 원어민과의 대화에서 부족한 부분은 단어와 발음만은 아니다. 영어권에서 성장한 이들이 자연스럽게 습득한 역사·문화·정치·경제·지리 등 배경지식이 우리에게는 없기 때문이다. 하지만 적어도 위스키를 주제로 삼는다면 이 책 한 권을 온전히 읽는 것만으로도 어느 정도 깊이 있는 대화를 나눌 수 있으리라 생각한다.

예를 하나 들어보자. 미국 버번bourbon은 750밀리리터, 스카치scotch 위스키는 700밀리리터가 한 병이다. 영국의 도량형은 맥주 배럴에서 유래되어, 와인 배럴에서 유래된 미국보다는 크기가 살짝 더 크다. 이런 저런 복잡한 사정으로 미국은 한 잔(1oz)의 크기가 30밀리리터가 되고 25잔이 들어가는 750밀리리터가 한 병이 된다. 이에 비해 영국은 한 잔의 크기가 28밀리리터가 되었고 25잔이 들어가는 700밀리리터가 한 병이 된다. 이후 1985년에 개정된 UK Weights and Measures Act에서는 한 잔을 25밀리리터, 한 병을 700밀리리터로 딱 떨어지도록 정했다. 평균 알코올 도수인 40퍼센트로 환산하면 순수 알코올의 양은 10밀리리터이니 이를 알코올 1단위(Unit)로 정해서 모든 술에 공통적으로 적용했다. 그래서 똑같은 스카치 위스키라도 미국에서 산다면 50밀리리터, 즉 두 잔만큼 이득이다. 미국에서 위스키를 해외에 수출할 때는 어떨까? 700밀리리터 병에 담아서 내보내는 게 이익일 듯하지만, 두 개의 생산라인을 분리해서 유지하는 비용이 더 많이 들기 때문에 대부분 그냥 750밀리리터로 수출한다. 이것이 우리가 700밀리리터짜리 버번을 볼 수 없는 이유이다.

　　뭐, 굳이 이런 것까지 알 필요는 없다고 생각할 수도 있겠지만, 그들 문화에 뿌리내린 다른 여러 가지 이야기들과 마찬가지로, 이런 배경을 이해하고 그들과 대화를 나누면 얻는 것이 훨씬 많아질 것이다. 그들로부터 경외의 시선까지 얻는다면 금상첨화이다. 그 대화 자리가 즐겁고 유익했다면 그들로부터 더 많은 지식을 흡수할 수 있는 토대가 만들어진 셈이다. 당신과 대화를 나눈 상대는 또 다른 주제로 이야기를 나누고 싶어 할 테고, 물꼬가 터진 교양의 파이프라인은 서로를 이해하고 배우는 데 큰 도움을 줄 것이다.

　　앞서 이야기했듯이, 이 책은 위스키 이야기가 거의 없는 위스키 책이다. 예를 들어 개별 증류소의 창업자가 어떤 사람이고 어떤 사연이 있는지, 개별 위스키의 특징과 맛과 피니시는 어떠한지 등의 이야기를 다루지 않았다. 시중에 나온 수많은 위스키 책들과 유튜브에서 이미 이와 관련한 정보를 제공하고 있으며, 간단한 인터넷 검색만으로도 차고 넘치게 얻을 수 있다.

　　이 책은 그런 세밀한 정보를 제공하지 않으며, 그 대신 전체적인 흐름을 파악할 수 있는 흥미로운 배경지식을 제공하여 독자 스스로 폭넓고 깊은 내용을 찾아가도록 도와주고자 한다. 즉, 물고기를 잡아주는 것이 아니라 더 크고 맛있는 물고기를 알아보는 혜안과 그 물고기를 잡는 방법을 제공해줄 것이다. 애써 잡은 물고기가 무엇인지 몰라서 그냥 놓아주는 우를 범하지 않도록 진심으로 그 길을 안내해주고 싶다.

　　개별 위스키마다 내재되어 있다는 그들만의 표현이 무엇인지 알아가고 싶은가? 위스키의 특성을 느끼며 자신만의 위스키를 찾아 즐거운 여행을 떠나고 싶은가? 그렇다면 이 책은 당신의 여정에 동반자가 되어줄 것이다. 그리고 위스키의 숙성 연수나 근사한 라벨에 현혹되지 않기를 바란다. 모든 위스키는 동등하며, 다만 저마다의 독특한 개성이 있을 뿐이다. 이 책이 비록 증류소별로 구성되어 있지만, 그건 내가 그동안 다녔던 위스키 여행 경로를 따라 그렇게 묶어놓은 것일 뿐이다. 목차 순서나 원고 비중에 전혀 연연할 필요가 없다. 어차피 모든 위스키를 목록에 담아서 설명하는 책도 아니다. 그리고 위스키 증류소들을 돌아다니며 찍은 사진들도 최대한 자제하고 많이 싣지 않았다. 사진을 많이 실을수록 책 분량도 늘려주고 화려하게 보일 수 있겠지만, 독자들이 이 책을 읽으며 그 지역과 그 사람들과 그 역사를 상상하는 것을 방해하고 싶지 않았기 때문이다.

인간과 위스키의 역사는 그 자체로 너무나 방대하고 깊다. 게다가 내가 그렇게 방대한 지식을 모두 가지고 있지도 않으니, 위스키에 관한 모든 것을 책 한 권에 다 담을 수는 없다. 애초에 욕심을 버리고 쓴 책이니, 독자 여러분도 굳이 어렵게 공부하거나 뭔가를 외울 필요가 없다. 그냥 하나하나의 에피소드를 읽어가다 보면 어느덧 교양의 부스터샷을 한 방 맞은 듯 즐거운 경험을 하게 될 것이다. 말하자면 이 책은 위스키 세계를 탐험하기 위한 작은 랜턴과 지팡이에 불과하다. 이 지팡이와 랜턴으로 어떤 여정을 떠날지는 온전히 독자 여러분의 몫이다. 위스키 세계로의 행복한 여행을 떠날 준비가 되었다면, 이 책을 펼쳐보기 바란다.

단, 세상의 모든 사물과 인간에 대한 호기심과 애정은 반드시 품고 떠나야 한다. 이게 없다면 이미 늙은이가 된 것이나 다름없다. 적어도 위스키에 관한 한 다 같이 영원한 젊은이로 살아보자. 위스키의 세계로 들어가는 우리 모두는 still young!

차례

프롤로그 .... 위스키 이야기 없는 위스키 책

1부 _____ 아일라 위스키

스틸 영, 아드벡	14
로킨달의 새로운 전설, 브룩라디	26
백마표 위스키, 라가불린	38

2부 _____ 스페이사이드 위스키

싱글 몰트 마스터피스, 글렌피딕	50
첫 '생빈' 위스키, 글렌파클라스	64
정관사 'The'의 무게, 글렌리벳	76
이탈리안의 열정이 빚은 위스키, 글렌 그란트	86
셰리 캐스크 위스키의 제왕, 맥캘란	94

3부 _____ 블렌디드 위스키

여왕을 향한 축포, 로얄 살루트	104
칵테일의 왕, 마티니	114
서양 근대사의 숨은 주역, 럼과 진	122
불사조 같은 생명력, 아이리시 위스키	134

4부 _____ 일본 위스키

호쿠리쿠 위스키 기행   150
사라져버린 전설, 가루이자와   160
전설의 부활, 코모로   172
일본 위스키의 시작, 야마자키   184
국경과 시대를 초월한 사랑, 요이치   194
아와모리와 오키나와 위스키   204
누룩으로 빚은 위스키, 타카미네   214
빨간 대문 증류소, 알렘빅   224

5부 _____ 미국 위스키

비주류 이민자들의 눈물, 버번   234
구속할 수 없는 정신, 짐 빔   242
미국 남부 문화의 맛, 버팔로 트레이스   254
마운트 버넌의 정수, 조지 워싱턴 라이 위스키   264
재즈를 완성하는 한 방울, 뷰 카레   276

에필로그 .... 내 삶의 원동력, 호기심

아일라 위스키

Isle of Islay

◊

스코틀랜드 서쪽 작은 섬에 도대체 어떤 사연이 있는 걸까? 왜 전 세계 수많은 순례자들이 비행기를 세 번쯤은 갈아타고서야 다다를 수 있는 이곳으로 꾸역꾸역 모여드는 걸까? 섬 전체가 온통 병원 냄새로 가득한 피트peat 위스키의 고향으로 나도 그렇게 떠났다. 흑산도의 홍어와 아일라섬의 피트 위스키. 이 극한의 땅끝 두 곳의 공통점은 극단의 향미를 제공한다는 것이다. 피트 위스키는 마치 홍어의 역한 암모니아취와 같은 향을 내뿜는다. 그러나 한번 그 매력에 빠지면 도저히 유혹에서 벗어날 수 없다. 홀린 듯 찾아들어 간 아일라섬에서 내게 주어진 선택지는 오직 하나뿐이다. 피트 위스키를 사랑하거나 증오하거나. 세상의 끝에서 양자택일을 강요받은 나는 그다음 세상을 떠올려본다.

스틸 영, 아드벡
Ardbeg

여행의 시작

2016년 늦가을, 난생처음 스코틀랜드 서부 연안의 작은 섬 아일라를 방문하게 되었다. 사실 나는 이전까지 영국에 가본 적이 없었다. 세상의 끝과 같은 아일라섬은 첫 영국 방문지로서 매력적이지만, 그만큼 생경한 곳이기도 했다. 이 섬은 수많은 탐조가들이 철새 탐사를 위해 찾아들고, 또한 수많은 사진작가들이 오랫동안 간직해온 신비로운 풍광을 담기 위해 머무는 곳이기도 하다.

굳이 끄집어내자면, 내가 한동안 운전했던 랜드로버 자동차도 아일라섬과 인연이 깊다. 오래전 두 아이들이 어렸을

아드벡 증류소 입구를 지키는 거대한 위스키 증류기.

적 SUV를 타고 싶다고 졸라 중고자동차 시장을 한참이나 헤맨 끝에 빨간색 랜드로버 자동차를 구입했다. 바로 아일라섬은 랜드로버 자동차의 필드 테스트를 할 만큼 거친 오프로드 환경이 잘 보존된 곳이다. 최근 위스키 열풍 탓에 마니아들에게는 꽤 알려졌지만, 아직도 많은 사람들에게는 여전히 낯설게 다가오는 섬이다.

수많은 선택지 중에 하필 아일라섬을 스코틀랜드 위스키 여행의 출발지로 선택한 이유는, 유명한 보모어Bowmore나 라프로익Laphroaig이 아니라, 바로 이 녀석 때문이다. 아일라섬

남쪽 끝 해안에 위치한 아드벡Ardbeg 증류소에서 만들어지는 아드벡 위스키. 아드벡 위스키는 먼저 외관으로 보는 이를 압도한다. 짙은 녹색 병에 붙은 금빛 테두리의 검은 라벨, 세리프 글씨체로 근사하게 새겨놓은 로고로 인해 중세 연금술사나 퇴마사가 사용했음 직한 약병처럼 보인다. 하지만 이건 시작에 불과하다. 아드벡의 향과 맛은 외관보다 더욱 혼란스럽고 또 매력적이다. 이 때문에 나는 단박에 사랑에 빠질 수밖에 없었다.

　아일라행 비행기를 갈아타기 위해 런던에서 글래스고공항에 도착했다. 늦가을 영국답게 하늘은 을씨년스러웠고 바람은 꽤 거칠었다. 글래스고공항 터미널의 가장 끝에 있는 국내선 게이트에 도착했다. 주로 헤브리디스제도의 여러 섬을 운항하는 이 항공사는 투박한 디자인의 로고만 걸어놓았을 뿐, 운항에 관한 아무런 안내도 마련해놓지 않았다. 항공사 직원은 적당히 사람이 모인 것을 보고서야 탑승 시간이 되었음을 느꼈는지 모두 활주로로 나가라고 했다. 참고로, 아일라행 비행기로 가는 길에 탑승교 따위는 없다. 탑승객 20여 명은 대부분 증류소 관계자나 섬 주민으로 보였다. 사람들은 바람을 막기 위해 모자를 지그시 눌러쓰거나 스카프를 단단히 동여매고 활주로를 향해 나갔다. 동양인은 우리 부부와 뒷자리의 중국 여자한 명뿐이었다. 쌍발 사브340 기체는 그렇게 하루에 한 번 글래스고와 아일라섬을 왕복한다.

　비행 시간은 단 30분. 비행기에 올라탄 순간부터 어느 정도 각오했지만 아일라공항은 내 상상의 한계를 훨씬 벗어난 모습으로 다가왔다. 그날따라 날씨가 좋지 않아 대서양 끝의 폭풍우와 함께 아일라공항에 어렵사리 착륙했다. 분명 저녁이 아닌 늦은 오후 시간이었지만 사위에는 이미 깊은 어둠이 깔려 있었다. 주변 경치를 논할 나위도 없이 좌우를 둘러봐도 아무것도 보이지 않는, 존재감의 상실 그 자체였다. 몇 개 없는 공항의 흐릿한 외곽 조명이 더욱 그로테스크하게 나를 맞아주었다.

공항에는 수하물 컨베이어벨트도 없었다. 사람들은 기체에서 내려진 각자의 짐을 묵묵히 알아서 가져온 다음, 대합실에서 픽업 차량을 기다렸다. 이곳에는 떠들썩한 택시 정류장도 없고, 관광안내소 따위도 당연히 보이지 않았다. 다들 그렇게 공항 대합실에서 폭풍우로 축축해진 옷을 털어내며 택시나 가족들을 기다리고 있었다.

아일라의 택시 드라이버

우리 여행을 안내해줄 운전기사 겸 우리가 묵을 B&B의 주인은 짐 맥켈만. 사람 좋게 생긴 60대 초반의 전형적인 스코틀랜드인이다. 젊어서는 영국 육군으로 전 세계를 돌아다니다가 은퇴 후에 고향 아일라섬에 정착했단다. 짐은 벨기에 출신의 왕립발레단 발레리나와 결혼하여 그 나이에 열 살짜리 귀여운 아들이 있었다. 아름다운 아내와 근사한 집, 은퇴 후 고향에서의 새로운 일까지 모든 것을 다 가진 상남자였다. 싹싹하고 쾌활한 짐 덕분에 여행 내내 웃음이 끊이지 않았고, 그렇게 우리는 친구가 되었다. 짐의 차를 타고 다니는 나흘 동안 스피커에서는 스코틀랜드 민속음악이 끊임없이 흘러나왔다. 어느 순간 세뇌되어 나도 모르게 따라서 흥얼거리다가 나중엔 없으면 서운할 정도였다.

　이튿날 아침, 짐의 차에는 뜻밖에 히사코라는 일본 아가씨가 한 명 더 타고 있었다. 뜨개질에 조예가 깊은 히사코는 양모로 유명한 스코틀랜드 북쪽 셰틀랜드제도를 거쳐 이곳까지 혼자 여행을 왔다고 한다. 그다음 날 히사코의 비행기가 출발할 때까지 우리는 온전히 하루를 함께했다. 우연한 인연을 맺은 히사코는 지금도 우리 부부의 좋은 친구로 가끔 연락하며 안부를 주고받는 사이가 되었다. 도쿄에서 일하는 히사코는 내가 이전에 다녔던 독일 SAP사의 협력업체 컨설턴트이기도 하고, 처가가 있는 가나자와 출신이라 좀 더 각별해졌다.

　짐의 제안으로 방문한 첫 번째 증류소는 조지 오웰이 《1984》를 썼던, 그 외롭고 황량한 주라섬의 주라Jura 증류소였다. 아일라섬에서 5백 미터 정도 떨어진 주라섬은 오직 아일라섬에서 페리를 타고서 건너갈 수 있다. 우리가 도착했을 때 주라섬은 한낮인데도 어둡고 흐릿했다. 마치 조지 오웰이 오두막의 침침한 불빛 아래에서 묘사한 음울한 미래사회의 모습이 눈앞에서 펼쳐지는 듯했다. 그래도 우리는 즐겁게 주라 증류소에

아드벡 증류소 건물 벽에 그려진 마스코트 쇼티.
아드벡의 강렬한 개성과 유쾌한 이미지를 상징한다.

들른 후, 아일라로 돌아와 부나하벤Bunnahabhain 증류소까지
구경했다.

　　다음 날 아침, 우리 부부는 드디어 아드벡을 향해 출발
했다. 가는 길에 방문한 라프로익Laphroaig과 라가불린Lagavulin
증류소도 훌륭했지만, 아드벡 증류소의 풍광은 한눈에 보기에
도 압도적이었다. 입구를 지키는 구리 증류기의 듬직한 모습만
으로도 나는 바로 행복해졌다. 아마도 수세기 동안 이곳에서
위스키를 만들던 주역이었으리라. 아드벡 증류소는 세계적인
패션 기업 LVMH에 인수된 후 엄청난 규모로 확장했고 큰 발
전을 이루었다. 이전의 중소기업에서 벗어나 멋지게 탈바꿈한

것을 보면 거대자본도 존재의 이유는 충분히 있는 것 같다.

　　아드벡 증류소에는 근사한 레스토랑이 있다. 위스키 원 재료인 몰트malt를 건조하는 데 쓰던 건물을 천장 높은 카페테리아로 바꾸어 아일라 정취가 듬뿍 풍기는 화려한 음식들을 제공한다. 하지만 불행히도 나는 여행 내내 컨디션이 좋지 않아 이를 제대로 즐기지 못했다. 꿈에도 그리던 스코틀랜드 증류소들을 방문한다는 생각에 들떠서 비행기에서부터 샴페인과 위스키를 꽤 마시고 배탈이 나서 여행 기간 내내 화장실을 들락거려야 했다. 그래서 런던에서도 아일라에서도 늘 조마조마하게 다녔다. 나는 배탈 걱정에 불안해하며 조심스레 조금씩 먹고 마시며 화장실을 계속 드나들었다. 지천명이라는 50이 되었지만, 지천명은커녕 제 앞가림도 못하는 철부지가 되어 아내에게 핀잔을 많이 들었다.

　　짐은 할아버지 대부터 아드벡 증류소에서 일했던 터라 초등학교도 아드벡 초등학교를 나왔다. 짐의 아버지는 몇 년 전 돌아가셨는데, 이때 아드벡 증류소에서 장례를 치러주었다고 한다. 아버지의 장례식 장소도, 장례식에 쓰인 위스키도 모두 아드벡에서 내주었다고 한다. 증류소에서 일했던 짐의 아버지와 할아버지에 대해 아드벡 나름의 예의를 갖춘 것이라 짐도 매우 자랑스러워했다.

　　스코틀랜드에서는 장례식 때 고인의 매장이 끝나면 모두 함께 위스키를 마신 다음, 잔과 병을 바위에 던져 깨버리고 아무것도 남기지 않는다. 짐에게 따로 물어보지는 않았지만, 짐의 아버지 장례식에서도 아마 그리했을 것이다. 스코틀랜드 장례식은 잉글랜드 결혼식보다 재미있다는 농담이 있을 정도이긴 하지만, 이렇게 위스키를 모두 비우고 잔과 병까지 남기지 않으며 죽은 이를 기리는 장례식은 꽤 쿨해 보인다. 실제로 한 장례식에서는 이런 일도 있었다고 한다. 조문객들이 일주일 내내 위스키를 마시고서는 매장을 하러 관을 메고 산으로 갔다가 깜짝 놀랐단다. 정작 시신을 집에 두고 왔다는 사실을 그제야 깨달았기 때문이다. 그래도 위스키를 많이 마셨으면 된 거지, 뭐!

오늘도 나는 Still Young

LVMH가 인수한 후, 아드벡은 정말 흥미로운 프로젝트를 추진했다. 아드벡은 강렬한 풍미로 예전부터 마니아들 사이에서 추앙받는 위스키였지만 대중성은 매우 떨어졌다. LVMH로서는 아드벡의 대중성을 확보하기 위한 변화가 필요했다. 그래서 1998년에 2008년을 목표로 장기 프로젝트를 시작했다. 먼저, 1998년에 증류한 위스키를 2004년까지 숙성시켜서 여섯 살짜리 위스키를 출시했다. 이름은 'Very Young'. 그로부터 2년 후, 같은 원액을 더 숙성시켜 여덟 살짜리 두 번째 위스키 'Still Young'을 내놓았다. 또다시 1년 후에는 아홉 살짜리 'Almost There', 마침내 2008년에는 'Ardbeg Renaissance'를 선

보이며 10년간의 대장정을 마무리한다.

아드벡 마니아를 자처하는 나는 이 시리즈를 모두 가지고 싶었지만 위스키 불모지였던 한국에서는 상당히 험난한 시도였다. 그래도 10년 정도의 노력과 투자로 'Very Young'을 제외하고는 모두 내 컬렉션에 채울 수 있었다. 나는 그런 위스키를 편히 살 수 있을 정도의 부자도 아니지만, 여유가 있다 해도 내 인생에는 'Very Young'보다 앞선 우선순위가 많이 있다. 조금 과용하여 구할 수도 있겠지만, 'Very Young'은 당분간 마음속 버킷리스트로 남겨두려고 한다. 무엇보다 나는 'still young'이니까 'Very Young'은 없어도 좋다. 언제나 젊은이로서 꿈꾸며 살아가는 still young이다.

사실 이야기는 여기서 끝이 아니고 오히려 새롭게 시작된다. 기업들은 대개 프리미엄 라인을 먼저 내놓고 제품의 포지셔닝을 높인 후, 보급형 시리즈를 후속으로 내놓는다. 자동차의 신차 출시 전략도 비슷하다. 최초에 형성된 프리미엄 이미지를 보급형 제품 고객에게 판매하는 방식은 산업 분야와 무관하게 동일하지 않을까? 아드벡도 같은 열 살짜리 위스키이지만 좀 더 저렴한 일반 제품인 'Ardbeg 10'을 출시한다. 바로 'Ardbeg 10'에 이러한 서사를 부여하기 위해 LVMH는 10년 동안 꾸준히 준비하고 실행해온 것이다.

사람들은 언제나 프리미엄 이미지를 소비하고 싶어 하지만 과감하게 지갑을 열기는 망설여지게 마련이다. 영민한 기업은 고객이 선택의 기로에 섰을 때 최적화된 제품을 내놓는다. LVMH는 영리하게, 꽤 오랜 시간 공을 들여서 이런 프로젝트를 계획한다. LVMH가 남다르게 대단한 회사여서 가능했을까? 물론 그렇기도 하지만, 그보다도 나는 위스키라서 가능했던 프로젝트가 아닐까 생각해본다. 이처럼 장기 프로젝트를 오랫동안 내다보고 준비하는 방식은 다이내믹 밸류 체인을 주장하는 대다수 다른 산업에서는 매우 힘들 수밖에 없다. 이런 게 위스키만의 멋이고 스코틀랜드의 개성이 아닐까 싶다. LVMH가 프랑스 회사라는 게 아이러니하지만, 그건 전 세계에서 위스키를 가장 많이 마시는 나라가 프랑스이고 프랑스 와인을 가장 많이 마시는 나라가 영국이라는 앵글로-프렌치 패러독스로 충분히 갈음할 수 있겠다(최근 인도가 프랑스를 추월했지만 논외로 하자. 인구가 인구다 보니……).

　　아일라에서 꿈같은 나흘을 보내고, 나는 짐과 꼭 다시 만나자고 약속하며 헤어졌다. 다시 글래스고행 프로펠러 비행기에 몸을 실었던 때가 영국 여행 중 가장 힘들었던 순간이었다. 그만큼 이곳을 떠나고 싶지 않았다. 한국으로 돌아와 나는 위스키 문화 전도사가 되었고, 아일라를 경험하고 싶어 한 많은 지인들을 아일라섬으로 보냈다. 당연히 그들 대부분은 짐의 택시와 B&B의 고객이 되었다. 나는 다녀온 몇몇 지인으로부터 짐의 선물을 전달받았고, 나도 몇 번 짐과 그 가족에게 자그마한 선물을 보냈다. 짐의 주소는 늘 간단했다. '짐 맥켈만, 보모어, 아일라, UK.' 거리 이름도 번지수도 없는데 우편물은 알아서 잘 배달되었다. 도대체 더 이상 뭐가 필요하겠는가?

아일라섬에 간 지인 중 한 분의 이야기이다. 그분은 이제 막 결혼할 참이었는데, 위스키와 아일라에 대한 내 열정적인 이야기에 감동하여 신혼여행을 아일라섬으로 가겠다고 계획했다. 그런데 불행히도 나는 이 사실을 너무 늦게 알았다. 그래서 짐의 B&B를 추천하지 못했고, 그들은 나름대로 숙소를 구해서 아일라섬으로 출발했다. 재미있는 건 지금부터다. 그분이 아일라섬에서 택시를 불렀는데 우연히 그 택시가 짐의 택시였고, 코리안 손님을 본 짐은 곧바로 코리안 친구인 나, 즉 PJ를 아냐고 물었다. 당연히 지인은, "물론 PJ를 잘 안다"고 답했다. 우연히 아일라섬에서 만난 어떤 코리안이 PJ를 안다는 사실을 확인하고, 짐은 모든 코리안은 PJ를 잘 안다고 확신하게 되었단다. 그렇게 지구 반대편 누군가에게 나는 한국의 유명인사가 되어버렸다.

내가 아드벡을 좋아하는 또 하나의 이유는 아드벡의 여유와 유머 때문이다. 사실은 유머보다 진실이 더 많긴 하지만, 스코틀랜드의 유머 혹은 농담은 그들 삶의 가장 중요한 요소이다. 아드벡도 병이나 포장 상자에 재치 있는 그림이나 문구를 넣어서 그들만의 유머를 표현했다. 예를 들어, 아드벡 코리브레칸Corryvreckan은 주라섬 북쪽 바다에서 발생하는 세계에서 두 번째로 큰 소용돌이를 의미하는데, 포장 상자에 'No

아드벡 위스키의 숙성 창고 시음회.
한국을 좋아한다는 유쾌한 론이 재미있게 준비해주었다.

Swimming' 글씨와 그림 표식이 새겨져 있다. 또 2012년에 출
시된 아드벡 갈릴레오Galileo에는 아드벡의 상징인 쇼티 강아
지가 우주비행사가 되어 우주에서 유영하는 그림이 있다. 우주
공간이 위스키 숙성에 미치는 영향을 실험하는 데 아드벡이 사
용된 것을 기념한 한정판이다.

오늘 밤도 나는 아드벡의 상자와 병에 깨알처럼 숨어 있
는 상징과 의미를 찾아가면서 Ardbeg 10 한잔을 따른다. 그러
고선 마치 프리미엄 위스키 Ardbeg Renaissance를 마시는 듯
한껏 기분을 내본다. 그게 아르노 회장의 뜻이니 기꺼이 따라
야 하지 않겠는가.

로킨달의 새로운 전설, 브룩라디
Port Charlotte and Bruichladdich

옐로 서브마린

비틀즈가 1966년 발매한 《Revolver》라는 앨범에는 흥
겨운 곡이 하나 수록되어 있는데, 바로 〈옐로 서브마린Yellow
Submarine〉이다. 재미있는 멜로디와 상상력을 자극하는 가사
로 큰 인기를 끌었고, 1968년에는 동명의 애니메이션이 만들어
졌다. 지금까지도 비틀즈를 대표하는 노래 가운데 하나로 기억
되고 있다.

어린 시절에는 비틀즈 노래인 줄도 모르고 〈옐로 서브
마린〉을 흥얼거리곤 했다. 청소년 시절 어느 날, 나는 〈옐로 서
브마린〉이 비틀즈의 음악이라는 사실을 알게 되었고, 언젠가

브룩라디 증류소의 숙성 창고. 다양한 형태의 캐스크가 쌓여 있다.

영국에 가면 노란 잠수함을 볼 수 있을 거라고 막연한 희망을 품었다. 다들 힘들고 어려웠던 그 시절, 노란 잠수함은 나를 새로운 세상으로 이끄는 꿈과 희망의 원천이었다.

그리고 30여 년 후, 나는 우연히 브룩라디Bruichladdich 위스키 증류소 뒷마당에서 'Yellow Submarine'과 조우했다. 앙증맞은 크기와 샛노란 색깔, 세세한 모양새까지 내가 늘 상상했던 모습 그대로였다. 왜 이 노란 잠수함이 뜬금없이 아일라섬의 브룩라디 증류소에 있을까? 노란 잠수함은 아마도 브룩라디 위스키 홍보에 쓰였을 것이다. 증류소 투어가 끝나고, 같이 방문했던 일행이나 짐에게 다시 물어보아도 아무도 그 노란

브룩라디 증류소 뒷마당에 있는 옐로 서브마린 모형.
2003년 아일라섬에서 좌초된 잠수함의 이야기에서 유래한다.

잠수함을 기억하는 이가 없었다. 존재감이 약했던 것인지, 오히려 다들 그런 게 있었느냐고 반문한다. 어쩌면 나는 그날 초현실 세계에서 언뜻 나타난 비틀즈의 잠수함을 살짝 엿본 게 아니었을까? 그렇다면 나만의 노란 잠수함과 만난 행운을 누린 셈이니 더더욱 행복하다.

 브룩라디 증류소는 지금은 레미 마르탱 코냑Rémy Martin cognac으로 유명한 레미쿠앵트로사의 한 브랜드가 되었지만, 사실 빅토리아시대부터 술을 빚은 유서 깊은 증류소이다. 2000년대에 새롭게 문을 열면서 과거의 관행과 질서에 정면으로 맞서며 새롭고 혁신적인 변화를 시도했다. 그 혁신의 결과물로서 브룩

1991년 증류한 원액으로 2005년(14년 숙성)(왼쪽), 2017년(25년 숙성)에
각각 출시된 옐로 서브마린 위스키.

라디, 포트 샬롯Port Charlotte 그리고 옥토모어Octomore, 이 세
가지 위스키는 시장에서 열렬한 반응을 이끌어냈다.

아일라섬은 피트 향이 매우 강한 위스키를 생산하는 곳
으로 유명하다. 그런데 2001년 다시 문을 연 증류소의 첫 주력
상품으로 나온 브룩라디는 피트 향이 없는 위스키로 유명하다.
아일라에서 피트가 없는 위스키라니! 말도 안 된다고 생각하
겠지만, 이 또한 그들이 과거에 연연하지 않고 새롭게 변모하
고자 얼마나 노력했는지를 보여준다. 동시에 이곳에서는 세상
에서 가장 피트 수치가 높은 위스키인 옥토모어도 만들어낸다.
아예 피트 향이 없는 위스키부터 극단적인 피트 함량의 위스키

까지 만들어내는 모습은 마치 진정으로 원하는 게 있다면 끝까지 도전해보고, 아니라면 아예 시작조차 하지 않는 요즘 MZ세대의 성정과 비슷하다. 그래서 '진보적인 증류소'를 주창하는 브룩라디는 신세대에 꽤 잘 어울리는 위스키이다. 물론 내가 가장 좋아하는, 살짝 감칠맛이 날 정도의 적당한 피트 향을 내는 포트 샬롯 또한 이 라인업의 중심에 있어 그야말로 완벽한 균형감을 갖추었다.

비슷한 라인업을 갖춘 증류소는 아마도 스코틀랜드 서부 캠벨타운의 스프링뱅크Springbank 정도가 되지 않을까? 이곳은 스프링뱅크와 롱로우Longlow, 그리고 헤이즐번Hazelburn이라는 서로 다른 세 가지 라인업만을 고집스레 수작업으로 만든다. 아무쪼록 이런 증류소들이 서로 경쟁하며 계속해서 새로운 혁신을 시도해주기를 바란다.

외딴 호텔 로킨달

노란 잠수함과 마주쳤던 브룩라디 증류소에서 나는 포트 샬롯에 매료되었다. 지금이야 한국에서도 쉽게 살 수 있지만, 그 당시에는 구하기가 쉽지 않았다. 더욱이 내가 직접 오크통에서 꺼내어 병에 담고 라벨까지 붙이는 발린치valinch 시리즈 위스키라고 하니 거부할 수 없는 유혹이었다. 한국으로 돌아와 가장 먼저 지인들과 함께 포트 샬롯을 개봉했다. 특별하

1부 아일라 위스키

게 담아 온 만큼 기가 막힌 감칠맛과 부드러운 피트 향으로 한동안 큰 즐거움을 주었다. 하지만 세상에 영원한 것은 없는 법, 곧 바닥을 드러내고 말았다. 그 발린치 시리즈 포트 샬롯은 지금도 이따금 생각나곤 한다.

브룩라디는 인근 보리밭이나 아일라섬에서 수확한 보리, 적어도 스코틀랜드산 보리로 위스키를 만드는 몇 안 되는 증류소 중 하나이다. 아니나 다를까, 스프링뱅크도 스코틀랜드산 보리를 고집한다고 한다. 스프링뱅크나 브룩라디 같은 증류소의 이런 노력이 좀 더 확산되어 기존의 틀을 깨고 새로운 방식으로 만든 위스키를 좀 더 많이 만나볼 수 있기를 바란다. 요즘 다른 위스키에도 'Farm to Table' 'Farm to Whisky' 개념을 도입한다는 반가운 소식도 들린다.

모회사인 레미쿠앵트로의 프랑스식 자유로운 영혼 때문인지 브룩라디 증류소 분위기는 꽤 유쾌하고 떠들썩했다. 중년을 넘긴 직원들이 많은 여느 아일라섬 증류소와는 다르게 브룩라디 직원들은 싱그러운 미소를 가진 젊은이들이 좀 더 많았고, 모든 방문객과 친절하고 즐겁게 대화를 나누었다.

포트 샬롯의 발린치 시리즈 위스키를 담아 가도록 안내해준 직원에게 아일라에서의 마지막 저녁 식사를 위한 식당을 추천 받았는데, 우리의 드라이버 짐 맥켈만이 추천한 곳과 같은 식당이었다. 사실 알고 보면 놀라운 일도 아니다. 인구가 적은 아일라섬이라지만 그래도 동쪽에는 간간이 보모어나 포트 엘렌 같은 큰 마을도 있는데, 브룩라디가 위치한 서쪽은 정말 아무것도 없다. 그러니 주변에 추천할 만한 식당이라고는 그곳뿐이었다.

추천 받아 간 증류소 인근의 고즈넉한 호텔 식당에서 먹은 해산물은 정말 맛있었다. 아일라섬의 마지막 저녁 식사여서 더욱 애틋하고 특별한 시간이었다. 토박이 두 명이 동시에 추천한 이곳에서는 호텔 사장 겸 식당 지배인이 직접 서빙을 해주었는데, 요리에 대한 자부심이 무척 컸다. 사실 막 여름 휴가철이 끝난 후라 재료도 부족해서 맛이 자부심만큼은 아니었다. 그래도 평균 이상은 했고, 이곳이 오지라는 점을 감안하면 꽤 괜찮은 요리였다. 사장은 요리에 들어간 굴이나 새우가 모두 양식이라며 계속해서 자랑을 늘어놓았다. 가만, 해산물은 자연산이라야 자랑할 만하지 않은가? 굴이나 새우는 양식으로 길러야 품질을 균일하게 맞출 수 있으니 이런 오지에서는 사장이 자랑할 수도 있겠구나 싶었다. 그리고 한국에서 흔히 볼 수 있는 오렌지색 노르웨이 연어가 아닌 진짜 진홍색 대서양 연어를 내어주며 이번에는 자연산이라고 강조했는데 꽤 괜찮은 맛이었다. 요즘은 우리나라에도 수입이 된다고 하니 기회가 된다면 다시 한번 먹어보아야겠다.

이곳에서는 누구나 식사를 하며 와인과 위스키를 마치 의례인 양 자연스럽게 곁들인다. 드물게 보는 동양인이 신기했는지, 호텔 사장은 아예 내 옆에 자리를 잡고 앉아서 계속 말을

유일한 아일라섬 여행 기념품.
이곳은 아일라섬이니 매사에 서두르지 말고 느긋해지자는 뜻이다.
이따금 보면서 일상에서 조금 여유를 찾곤 한다.

짐의 B&B에 걸려 있던 스코틀랜드의 속담.
위스키 제조와 자연과의 조화를 나타내는 말이다.
모든 것은 순환하니 다 때가 있다.

브룩라디 증류소 방문객들에게만 판매하는 싱글 캐스크 위스키.
브룩라디 증류소 직원들의 노고에 감사하며
오퍼레이터인 토니 모리슨에게 74번째로 헌정한 위스키이다.
뒤쪽에는 먼저 헌정된 위스키가 줄지어 있다.

건넨다. 물론 그날의 유일한 손님이었기 때문이기도 하지만,
다른 손님이 있었더라도 아마 그리했을 것 같다. 한참을 섬 이
야기, 술 이야기를 하다가 결국 아빠들의 만국 공통 화제인 자
식 자랑으로 옮겨갔다. 어스름한 초저녁, 이곳 아일라섬 서쪽
의 외딴 호텔에서 그와 나 둘만의 '아빠 배틀'이 시작되었다.

    사장은 자기 딸이 어릴 때부터 공부도 잘했고 생각과 행
동이 남달랐다고 한다. 지금은 자신만의 일을 찾아 잉글랜드의
어느 싱글 몰트single malt 위스키 증류소에서 일한다고 자랑이

1부 아일라 위스키

다. 내가 세계의 위스키 증류소를 여행하는 중이라고 하니, 언젠가 잉글랜드에 가면 자기 딸을 한번 만나보란다. 기회가 되면 재미있는 추억이 될 듯하여 기꺼이 명함을 챙겨두었다. 참고로, 영국은 스코틀랜드가 아닌 지역에서도 위스키를 생산한다. 말하자면 스카치Scotch 위스키가 아닌 잉글리시English 위스키도 분명히 있다. 이야기 끝에 나는 문득 궁금했다. "똑똑하고 예쁜 딸내미가 훌륭하고 멀쩡한 스카치 위스키 증류소 다 놔두고 왜 거기까지 가서 일하지?" 그러자 사장이 말을 흐린다. "뭐, 거기도 사람 사는 곳이니까……." 무슨 사연이 있어 보여 더는 묻지 않았지만, 아무래도 아빠 배틀에서는 내가 이긴 것 같다. 딸에겐 한없이 약해지는 딸바보 아빠와 아들을 둔 쿨한 아빠와의 대결은 항상 아들 아빠의 승리가 아닐까?

이곳 호텔 이름은 로킨달Lochindaal이다. 여기에서 'loch'는 호수를 뜻한다. 스코틀랜드의 호수 이름에는 모두 앞에 loch가 붙는다. 공룡을 닮은 괴물 네스로 유명한 네스호도 Loch Ness이고, 아일라섬에서 가장 큰 호수도 Loch Gorm이다. 아일라섬의 기원과 관련한 전설이 깃든 호수는 Loch Finlaggan이다. 당연히 꽤 맛있는 핀라간Finlaggan 위스키도 있다. 한국에서는 구하기 어려워 일본에 갈 때마다 한 병씩 사 오곤 했는데, 이젠 한국에서도 쉽게 구할 수 있으니 위스키 시장이 성장한 혜택을 이렇게 나누어 받는 셈이다.

그런데 호텔 주위를 아무리 둘러보아도 Indaal 호수가 없었다. 내가 미처 찾지 못했나 싶어 그냥 넘어갔다. 사실은 차가운 북대서양의 신선한 해산물을 푸짐하게 한 상 받아 아일라 위스키를 곁들여 먹느라고 다른 데 신경 쓸 겨를이 없었다. 나중에야 Loch Indaal은 호수가 아니라 브룩라디와 보모어 증류소를 감싼 만을 일컫는 지명이라는 사실을 알게 되었다. 멀쩡한 바다를 호수로 둔갑시켜 이곳 지명을 삼았을 정도로 아일라 섬의 서쪽은 황량했다.

현재와 과거의 경계, 핀라간 호수

아일라섬에서의 둘째 날, 짐 맥켈만이 증류소를 몇 군데 돌더니 증류소가 아닌 장소 한 곳을 꼭 가봐야 한다고 했다. 오전에 증류소 몇 군데를 방문해서 알딸딸해진 우리는 오후가 되어서야 길을 나섰다. 우리 부부와 일본인 히사코가 함께 도착한 곳은 로크 핀라간. 아일라섬 북쪽에 위치한 이 호수는 섬의 첫 정주자가 살았던 곳이라, 마치 영국의 스톤헨지처럼 아일라 섬 사람들에게 매우 신성한 장소라고 한다. 핀라간 호수에 비친 늦가을의 강렬한 햇살이 내 마음을 사로잡았다. 마치 외계에서 에너지 빔을 쏘는 듯한 엄청난 햇살이 핀라간 주위를 밝히고 있었고, 때때로 반사되는 강렬한 빛에 눈이 멀 지경이었다. 그 순간 과거와 현재가 오버랩되며, 마치 타임슬립하는 듯한 묘한 기운을 느꼈다. 갑자기 주위가 고요해지면서 번잡한 현실 세계를 벗어나 나만의 시공간에 머무르는 듯 황홀해졌다. 스코틀랜드 여행 내내 어디에서도 이보다 강렬한 느낌은 없었다. 스코틀랜드를 무대로 한 넷플릭스 드라마 〈아웃랜더〉의 주인공 클레어가 갑자기 중세시대로 건너갔을 때의 첫 느낌이 이랬을까. 아일라섬 땅과 호수가 이처럼 강렬하니 위스키 또한 그 성정이 비슷할 수밖에 없었을 것이다.

여행에서 돌아온 후 일상 속에서 내 삶이 희릿하게 퇴색되어갈 무렵, 나는 핀라간의 눈부신 햇살을 다시 한번 온몸으로 맞이하고 싶은 욕망에 사로잡히곤 했다. 현실의 여러 문제를 벗어나 그때 그 아일라섬으로 시공간 이동을 하고 싶지만 사정이 여의치 못하다. 그저 핀라간 위스키를 글렌캐런Glencairn 잔에 넉넉히 따르는 것이 좀 더 현실적인 방법이다. 비바 핀라간!

백마표 위스키, 라가불린
Lagavulin

백마표 위스키

일본에 가면 늘 편의점에 들러 작은 위스키들을 여러 병 사 오곤 한다. 일본의 주세는 한국과 달라서 다양한 위스키를 상대적으로 저렴하게 살 수 있지만, 여행 가방의 무게와 면세 한도 때문에 이런 미니어처로 아쉬움을 채우곤 한다. 사실 불과 몇 년 전까지만 해도 일본 편의점에서는 다양한 싱글 몰트 위스키 미니어처를 편하게 구입할 수 있었다.

아쉽게도 요즘은 일본 위스키의 광풍으로 쉽게 구하기 어렵다. 이제는 유명한 위스키들이 더 이상 판매대에 보이지 않지만, 아직 일본 편의점에서 쉽게 구할 수 있는 위스키 중의

A846번 국도변에 무심한 듯 서 있는 라가불린 증류소.

하나가 바로 화이트 호스White Horse이다. 노란색 바탕에 백마가 그려진 이 위스키는 저렴하고 자주 눈에 띄어서 흔히 일본 위스키로 착각하기 쉬운데, 사실 스코틀랜드에서 건너온 것이다. 나라마다 선호하는 스카치 위스키가 다른데, 우리나라에서는 임페리얼Imperial과 윈저Windsor, 이탈리아에서는 글렌 그란트Glen Grant, 일본에서는 화이트 호스가 가장 대중적인 스카치 위스키이다.

　　화이트 호스는 블렌디드blended 위스키라 저렴한 가격에 비해 쌉쌀하면서도 오묘한 피트 향이 올라오는 단맛이 일품이다. 이런 맛이 나는 이유는 기주基酒로 쓰이는 싱글 몰트가 라가불린Lagavulin이기 때문이다. 물론 라가불린 외에도 디아지오 산하의 탈리스커Talisker나, 크래건모어Cragganmore 같은 여러 증류소 위스키를 배합하여 만든 위스키라, 얼핏 같은 회사에서 나오는 블렌디드 위스키인 조니 워커Johnnie Walker와 풍미가 비슷하다.

영국과 일본은 1차 세계대전 이전부터 동맹을 맺어왔으며, 이 시기에 영국군의 보급품 중 하나인 화이트 호스가 일본으로 들어왔다. 화이트 호스는 조악한 품질의 일본 위스키를 제치고 큰 인기를 끌었다. 예전에는 일본 국적기에서 화이트 호스를 필수 아이템으로 갖춰놓고 기내 서비스를 했지만, 상향 평준화된 위스키 취향 때문인지 요즘은 찾아볼 수 없다. 근대 일본의 흥망성쇠를 함께한 화이트 호스는 현재까지도 일본인들의 사랑을 받고 있다.

아일라섬에서는 스코틀랜드에서 가장 강한 피트 향의 위스키를 생산한다. 아일라섬 위스키 중에서도 피트 향이 가장 강한 위스키로 아드벡, 라프로익, 라가불린을 꼽는다. 이 피트 3대장 위스키 증류소는 묘하게도 모두 섬의 남쪽에 모여 있는데, 어쩌면 섬의 남쪽에서 나는 피트가 더욱 강력하기 때문일지도 모르겠다. 어쨌거나 화이트 호스는 피트 3대장 가운데 하나인 라가불린을 기주로 사용한다.

화이트 호스는 식민지 조선까지 흘러들어 왔다. 춘원 이광수의 소설 《흙》에도 나오듯이, 경성의 '모던 뽀이'들 사이에

라가불린이 기주로 쓰인 블렌디드 위스키 화이트 호스.
일제 강점기에 우리나라에는 백마표 위스키로 알려졌다.

서 백마표 위스키로 유명세를 얻기도 했다. 그 인기를 몰아서 해방 이후에는 '백마 위스키'라는 유사품이 나왔고, 뒤이어 '용마 위스키' '쌍마 위스키'까지 출시되었다. 백마 위스키를 사랑하는 사람이 모던 뽀이라면, 나도 제대로 인생을 즐기는 우리 시대의 모던 뽀이가 되고 싶다.

꽤 오래전, 나는 부산에 내려갔다가 우연히 한적한 골목에 자리 잡은 위스키 바에 들렀다. 이런 곳에 누가 올까 걱정될 정도로 시내에서 벗어난 외진 곳이었다. 그런데 가게 안은 단골로 보이는 손님들이 적지 않았고, 사장은 그만의 루틴으로 여유롭게 서빙하면서 그들과 위스키와 관련한 담소를 나누고 있었다. 위스키를 한잔 마시며 바를 찬찬히 살펴보았다. 바 곳곳에는 오래전부터 수집한 흔적이 보이는 여러 소품이 가득했고, 그중에서 특별히 어린아이만 한 화이트 호스의 커다란 나무 간판이 눈에 띄었다. 내가 무척 좋아하는 화이트 호스이기도 하지만 도대체 이 물건이 왜 여기 있는지, 또 이런 걸 갖다놓은 사장은 어떤 사람인지 궁금해서 그와 이야기를 나누기 시작했다.

그런데 한동안 이야기를 나누다가 왠지 낯익은 말투에 끌려 찬찬히 그의 얼굴을 다시 보았다. 맙소사, T가 아닌가? 그제야 T도 나를 알아보았고, 우리는 서로 놀라 한참을 기막혀했다. T는 예전 IBM에서 같이 근무했던 지인이었다. 아무리 과거에 비해 복장과 외모가 많이 달라졌고 뜻밖의 장소에서 만났다고 해도 서로 알아보지 못했다는 사실에 우리는 한동안 말을 잃을 정도였다. 그는 같이 근무할 때보다 흰머리가 훨씬 많아졌고 그나마 짧은 헤어 스타일로 변신했으며, 무엇보다 복장이 자유롭고 젊어 보였다. 그러니 전혀 알아보지 못할 수밖에. 그런데 그는 왜 나를 못 알아보았던 것일까? 그 이유는 지금도 잘 모르겠지만 굳이 알고 싶지 않으니, 그저 미스터리로 남기기로 하자.

T는 직장생활을 하면서 열심히 위스키를 공부했고, 위스키 관련 물품들을 조금씩 모아서 연고도 없는 부산에 떡하니

바를 차렸다고 한다. 미래가 보장된 직장에서 과감하게 벗어나 자기가 하고 싶은 일에 도전하는, 그야말로 모던 뽀이였다. T가 운영하는 바는 지금은 그때보다 훨씬 유명해져서 이제 부산 위스키 여행의 필수 코스 중 하나가 되었다. 이젠 예약도 쉽지 않지만 그래도 내가 가면 흔쾌히 자리를 내어준다. 나는 그곳에 갈 때마다 화이트 호스 나무 간판을 주인 몰래 업어 오고 싶은 욕망에 사로잡힌다.

몇 년 전 처음으로 스코틀랜드 동북부 스페이사이드를 찾았을 때, 숙소 근처 스페이강을 따라 산책한 적이 있었다. 산책길에 놓인 크라이겔라키 다리에서 스페이강 찬물에 손이라도 담가보려고 아래로 내려갔다. 그런데 다리 아래의 벽에서 누군가 낙서처럼 그려놓은 아름다운 백마 그림을 발견했다. 화이트 호스 위스키의 그 백마를 이렇게 멋들어지게 그린 낙서라니! 적당한 오후 햇살 아래에서 나는 한참이나 넋을 잃고 그림을 바라보았다. 아내가 가자고 재촉하지 않았더라면 더 있었을 것이다. 병 라벨에 그려진 백마는 다소 경직된 모습이지만 크라이겔라키 다리의 백마는 그야말로 완벽했다. 유니콘의 뿔이 하나 봉긋 솟은 머리, 더없이 경쾌한 발놀림, 바람에 흩날리는 꼬리털……. 어디론가 달려가는 백마, 아니 내게는 하늘로 날아오르는 천마로 보였다.

이듬해, 미처 못다 간 다른 증류소를 방문하기 위해 나는 홀로 스페이사이드를 찾았다. 통과의례인 양, 나는 자연스레 크라이겔라키 다리 밑으로 향했다. 사랑하는 백마를 보기 위해서 천천히 계단을 내려갔다. 다시 만난 백마는 여전히 사랑스러웠지만, 또 다른 야만의 흔적으로 얼룩져 있었다. 지난 50여 년 동안 사람들은 아무도 백마 그림을 손대지 않고 아꼈다. 하지만 불과 1년 사이에 많은 관광객이 오간 듯했고, 백마 그림은 누군가에 의해 오염되어 있었다. 오버 투어리즘의 폐해를 새삼 언급하고 싶지 않지만, 이렇게 불가역적으로 상처받은 나의 백마를 보며 쓴 입맛을 다셔야 했다.

위스키와 나만의 공간

아일라섬의 마지막 일정은 라가불린이었다. 이미 아일라섬의 여러 증류소를 돌아보며 많은 위스키 제조 공정을 하나하나 보고 온 터라, 마지막 라가불린만큼은 제조 과정보다는 증류소 분위기만 즐기기로 내심 마음먹었다. 라가불린 증류소는 아드벡 증류소에서 라프로익 증류소로 가는 국도변에 덤덤하게 들어서 있다. 다른 증류소처럼 다소 과장되고 위압적인 진입로도 없었고, 요란한 호텔이나 카페테리아도 없다. 그저 A846 국도변에 서 있는 흰색 건물은 마치 볼일 있으면 말리지는 않을 테니 그냥 들어오라는 듯 무심하다. 아무도 없는 방문자센터 문을 열고 들어선 지 한참 지나서야 머리가 희끗한 직원이 나와서 흘긋 눈인사하고는 또다시 아무런 말이 없다.

라가불린 위스키의 숙성 창고. 대기업인 디아지오 증류소라
다른 아일라 위스키보다 뭔가 정리된 느낌이다.

　　조금 어두운 분위기의 라가불린 증류소 숍은 그동안 보
아온 어떤 증류소보다 담백하고 완벽한 인테리어를 자랑했다.
군더더기 하나 없는, 오직 위스키만을 위해 존재하는 꽤 색다
른 공간이었다. 다양한 판매용 위스키 라인업으로 관광객들
의 구매욕을 자극하던 다른 증류소와는 다르게, 이곳에서는 단
두 가지 라가불린만 진열대에 채워져 있었다. 라가불린 16년과
12년. 라가불린의 가격 책정은 꽤나 요상하다. 12년이 16년보
다 훨씬 비싸다. 다른 증류소의 스탠다드 위스키는 보통 12년
인데, 라가불린의 주력 상품은 16년 숙성 위스키다. 물론 12년

숙성 제품도 있지만, 캐스크에서 숙성한 위스키 원액에 물을 전혀 타지 않은 캐스크 스트렝스Cask Strength 위스키라 가격이 1.5배 정도 비싸다.

하지만 이 스토리를 알지 못하면 결코 이해할 수 없는 가격 책정이고, 물론 희끗한 머리의 직원은 이런 설명 따위는 전혀 없다. 그저 사람 좋은 미소만 지을 뿐, 눈이 마주치면 이내 시선을 창밖으로 돌린다. 저분은 위스키를 팔 생각이 있기는 한 걸까. 하기는 조금 비싼 가격을 낸다면 두 가지 모두 한국에서 구입할 수 있으니 애써 여기에서 구입할 필요는 없었다. 그 시간에 방문한 손님이 우리뿐이어서 다른 방문객을 못 보았지만, 아마 그들도 자국에서 이 라가불린을 충분히 구입할 수 있을 것이다. 그래서 담백한 그 공간에서는 활발한 상거래의 공기가 전혀 느껴지지 않았다.

처음부터 마지막까지 이곳은 그저 위스키와 나, 둘만의 대화를 나눌 수 있는 온전한 공간이었다. 마치 냄새가 좀 나지만 포근한 피트 위스키 신의 품속에 넉넉하게 안겨 있는 듯했다. 아일라섬에 온 또 하나의 이유는 바로 라가불린 때문이다. 위스키 맛을 처음 알아가던 시기에 나는 늘 라가불린 16년을 끼고 살았다. 그 피트 향에 반쯤 절어 있던 나는 문득 아일라섬으로 떠나고 싶었고, 마침내 라가불린과 단둘이 마주하게 된 것이다.

여행 이후 나는 여전히 문득문득 아일라섬을 꿈꾼다. 도라에몽의 '도코데모 도아(어디로든 문)'가 있다면 서울에서 포트 엘렌으로 순간이동하고 싶다. 특히 오월의 봄꽃가루 알레르기에 시달리는 날에는 더욱 그렇다. 오픈 세서미! 아브라카다브라! 그리고 세상의 모든 일탈과 모든 일탈의 세상을 꿈꾸며!

스페이사이드 위스키
Speyside Whisky

◊

그레이트브리튼은 대서양을 바라보며 토끼가 앉은 형상이고, 스코틀랜드는 그 머리에 해당한다. 그 머리를 비스듬히 돌려 스칸디나비아를 바라보는 토끼의 오른쪽 눈이 바로 스페이사이드이다. 수많은 스코틀랜드 위스키들이 영국의 세금을 피해 이 좁고 척박한 스페이강의 오지로 들어왔으나, 이제는 위스키 세계의 중심이 되어버렸다. 그곳엔 스카치의 6할이 있다. 세상에서 가장 많은 위스키가 모여 있는 토끼의 눈. 그곳에는 칼 라거펠트의 클래식과 첫사랑의 달콤한 꽃 내음이 합해진 상상할 수 있는 모든 조합이, 그 땅의 사람들, 그리고 스페이강과 공존한다.

싱글 몰트 마스터피스, 글렌피딕
Glenfiddich

스페이드 에이스, 스패딜

스페이드 에이스는 트럼프 카드 중 가장 서열이 높으며, 죽음을 상징하는 카드로도 알려져 있다. 베트남전쟁에서 미군 병사들은 스페이드 에이스 카드로 자신의 헬멧을 장식하거나 사살한 남베트남민족전선 군인(베트콩)들의 시체 위에 얹어놓기도 했다. 또 이라크전쟁 당시 미군은 사담 후세인을 스페이드 에이스로 지칭했다고 한다. 이처럼 스페이드 에이스는 대체로 어둡고 부정적으로 인식되었다.

그런데 전통적인 스페이드 에이스 카드를 자세히 살펴보면 문양이 터무니없이 크고 복잡하며, 알 수 없는 라틴어로

스코틀랜드 하일랜드의 대표적인 명물인 헤어리 카우.
글렌피딕 증류소로 가는 길에 만났다.

가득하다. 이 문양은 18세기부터 영국 정부에서 부과하던 세금에 대한 일종의 납세필증이다. 그러니까 세금을 내면 세무서에서 그 증서로 스페이드 에이스 카드의 문양을 발부한 것이다. 카드 아래쪽에 쓰인 'DIEU ET MON DROIT'라는 문구는 '신과 나의 권리'라는 뜻으로, 영국 왕실을 나타내는 문장紋章에도 새겨져 있다. 왜 하필 납세필증을 카드의 가장 높은 서열에 올려놓았을까? 세금은 개인에게나 기업에게나 국가에게나 가장 강력한 게임 체인저이기 때문이다. 포커의 마지막 히든카드에서 원하던 스페이드 에이스의 뾰족한 검은 뿔이 올라오는 순간, 누구도 대적할 수 없다. 게임 끝이다. 그만큼 스페이드 에이스와 세금은 무소불위의 힘을 행사한다.

이는 위스키 산업에서도 마찬가지였다. 18세기 잉글랜드 정부는 속령인 스코틀랜드와 아일랜드의 위스키 산업에 높은 세금을 부과했다. 위스키 주재료인 몰트에 부과되는 과중한 세금은 위스키가 주산업인 아일랜드와 스코틀랜드에 큰 영향을 미쳤다. 이때 두 지역은 대응 방식을 달리하며 위기를 극복하려 했다. 같은 뿌리에서 출발한 스코틀랜드와 아일랜드의 위스키 산업이 오늘날 무척 달라진 계기가 여기에 있다.

피트와 오크통의 전화위복

영국의 세금 정책이 빚어낸 첫 번째 변화는 바로 피트다. 스코틀랜드의 많은 증류소들은 잉글랜드 정부의 과도한 세금을 피해 깊은 산속으로 들어갔다. 수많은 위스키의 이름에 붙은 'glen'은 '계곡'이라는 뜻이다. 깊은 계곡으로 들어간 증류소들은 주재료인 몰트를 훈연하기 위한 석탄을 구할 수 없었다. 그래서 주변에서 쉽게 구할 수 있는, 다소 발열량이 떨어지는 진흙 성분의 이탄, 즉 피트를 사용하였다. 그런데 피트로 훈연한 위스키는 이전과는 다른 독특한 향을 내뿜으며 수많은 마니아를 양산했다. 현재까지도 대부분 스카치 위스키는 작게라도 피트 성분이 함유된 맥아를 사용하여 맛의 기초를 잡는다. 간혹 피트가 전혀 없는 위스키도 있지만, 피트 위스키는 스카치 위스키를 대표하는 맛으로 자리 잡았다. 그리고 세상의 모든 위스키는 피트 유무에 따라 두 가지로 나뉘었다.

피트는 페놀이 주성분이다. 페놀은 발암물질로 알려진 터라 이 말을 들으면 다들 흠칫 놀란다. 하지만 페놀 성분은 연료로 쓰이는 과정에서 모두 날아가고 향만 남기 때문에 해롭지 않다. 북한에서는 고난의 행군 시절에 이 피트로 국수나 떡을 만들어 먹기도 했단다. 특유의 역한 냄새와 소화가 거의 되지 않는 흙 성분 덕에 배고픔을 잊게 해주는 엽기적인 식품으로 손꼽힌다.

영국의 세금 정책이 빚어낸 두 번째 변화는 오크통이다. 증류소들은 잉글랜드 정부의 눈을 피해 위스키를 숨겨두어야 했다. 그들의 눈에 띈 게 바로 오크통이다. 참나무로 만든 오크통은 포도주의 일종인 셰리sherry를 담아서 운반하는 데 쓰였으며, 사용하고 나면 버려져서 여기저기 나뒹굴어다녔다. 증류소에서는 빈 오크통에 위스키를 담아서 숨겨두었는데, 오랜 시간 숨겨둔 후에 열어보니 위스키는 은은한 호박색으로 물들었으며 숙성된 향이 그윽하게 배어나왔다. 오늘날 오크통 숙성 위스키의 원형이 생겨난 것이다.

스코틀랜드 130여 개 위스키 증류소 중 절반 이상이 스페이강 유역 스페이사이드에 자리하고 있다. 글렌피딕 Glenfiddich, 맥캘란Macallan, 발베니Balvenie, 글렌 그란트Glen Grant, 글렌리벳Glenlivet, 아벨라워Aberlour, 벤로막Benromach, 글렌파클라스Glenfarclas 등등 이름만 들어도 멋진 위스키 향이 머릿속에서 피어오르는 증류소들이다.

2018년 5월 어느 날, 결혼 20주년을 기념한다는 핑계로 스페이사이드 지역을 방문했다. 아내도 내 취미를 이해해주어 스페이사이드 증류소 기행에 기꺼이 동반해주었다. 스페이사이드도 아일라섬과 마찬가지로 일반인이 찾아가려면 상당한 노력이 필요하다. 이번 여행의 목적지는 오직 스페이사이드뿐이라 암스테르담을 경유해서 곧바로 에든버러행 비행기로 갈아탔다. 스페이사이드를 향한 본격적인 여정은 이제부터 시작된다.

먼저 에든버러 웨이벌리역에서 다섯 시간 동안 기차를 타고 스코틀랜드 북쪽 끝자락 엘긴역까지 가야 한다. 철도 발상지인 영국에는 아이러니하게도 고속철도가 없다. 기술력이 없어서가 아니고 역사와 전통을 아끼고 사랑하는 영국인의 성정 때문일 것이다. 영국 철도는 국영·민영 할 것 없이 철도회사가 효율적으로 운영한다. 철도 노선이 영국 전역에 그물처럼 연결되어 있으며 환승이 수월하다. 그 탓인지 항공 여행보다 철도 여행을 선호하는 영국인들도 많다. 빠른 항공기보다 느긋하게 기차로 이동하며 목적지로 가는 과정 자체를 즐기는 것이다. 출장 갈 때마다 아이들이 좋아하는 토마스 기차 시리즈 장난감을 사 오곤 했는데, 그중에 덩치가 큰 기차역 모형도 있었다. 웨이벌리역이 낯설지 않았는데, 생각해보니 바로 그 기차역 모형을 닮았다.

엘긴으로 가는 기차에 몸을 싣고 에든버러시 경계를 벗

어나자마자 곧 바다가 눈앞에 펼쳐졌다. 북쪽 바다를 가로지르는 다리를 건너면 완전히 다른 세상이다. 여기에서부터 기차와 나는 하나가 되어 북부 스코틀랜드의 대지와 바다를 내달렸다. 북해를 따라 던디를 지나고 에버딘을 거쳐 엘긴까지 가는 동안 스코틀랜드의 아름다운 풍광이 쉴 새 없이 경탄을 불러일으켰다. 나는 아무런 저항도 하지 못하고 그저 감동하고 전율했다. 끝없이 이어지는 바다와 목가적인 대지의 풍경, 얼굴이 까만 녀석과 분홍인 녀석이 뒤섞인 양떼, 이따금 불쑥 나타나는 고풍스런 건물과 고성, 무엇보다 차갑고 황량한 구릉을 보랏빛으로 물들인 히스heath 꽃 무더기……. 히스는 영국 비공식 국화로 알려질 만큼 스코틀랜드 대지의 풍경에 빠짐없이 등장한다. 이 히스가 죽고 썩어서 이탄(피트)이 되고, 맥아를 훈연해서 독특한 향의 스카치 위스키를 만들어내리라. 자연의 거대한 순환이 잉태한 선물을 생각하다 보니 밀어치는 황량한 북해의 바닷바람조차도 따스하게 느껴진다. 오월의 스코틀랜드 해안 철도는 종착역인 엘긴까지 그렇게 이어졌다.

엘긴역에서 다시 자동차로 40여 분 남쪽으로 이동하면 더프타운이 나온다. 맥캘란과 발베니, 글렌피딕 같은 유명 증류소들이 모여 있는 곳이다. 우리는 이곳에서 다시 숙소가 있는 크라이겔라키까지 10여 분을 이동해야 했다. 크라이겔라키의 숙소 호텔 바로 앞에는 짙은 초콜릿 색깔 스페이강이 흐르고 멋진 크라이겔라키 다리가 놓여 있었다. 크라이겔라키 다리

건너 저 멀리 맥캘란 증류소가 보였고, 나는 그 너머 어디쯤 있을 글렌피딕과 발베니 증류소까지 떠올려보았다. 드디어 내가 바라던 곳에 이르렀다는 안도감에 깊은 숨을 내쉬었다. 마치 세상을 다 가진 것처럼 즐거웠다. 이 공간과 이 시간에 내가 존재한다는 것만으로도 행복했다.

크라이겔라키의 두 호텔

스코틀랜드의 호텔은 예약하기가 여간 불편하지 않다. 아직도 호텔 홈페이지가 제대로 작동하지 않거나, 여행사가 대행해주는 방식도 잘 적용되지 않는다. 어렵사리 예약했다 치더라도 방심하면 안 된다. 확인해보면 제대로 예약되지 않은 경우가 많다. 크라이겔라키의 호텔을 예약하는 과정도 마찬가지였다. 나는 전화 통화를 병행해가며 불가피하게 마주 보고 있는 두 개의 호텔에 각각 3박씩 예약했다. 그런데 겨우겨우 두 호텔을 예약한 것이 신의 한 수가 되었다. 크라이겔라키를 다녀온 주류회사 관계자가 추천한 숙소가 바로 이 두 호텔이었다. 둘 다 편한 숙소와 멋진 레스토랑, 그리고 훌륭한 위스키 컬렉션을 갖춘 바가 있었다.

호텔을 잘 선택하는 것은 여행 전체의 완성도에서 매우 중요하다. 게다가 이곳은 시골 중에서도 시골이다. 호텔 레스토랑은 아침과 저녁 식사를 제공해주는 유일한 곳이다. 나아가

이 여행의 목적상 호텔 위스키 바도 깊이와 넓이를 갖추어야 한다. 대도시와 달리 바를 골라서 방문할 수 없기 때문이다. 다행히 두 호텔의 바와 바텐더 평판은 근방에서 최고였고, 위스키 여행의 방점을 찍어주었다.

첫 번째 호텔은 일본인이 사장인데, 원래 이 호텔 바의 바텐더로 일하다가 전 사장이 은퇴하면서 인수했다고 한다. 일본인 특유의 성실함과 위스키에 대한 전문성, 그리고 친화력으로 10여 년 사이에 더프타운에서 최고의 호텔이 되었다. 레스토랑에서 준비한 푸짐한 스코틀랜드식 아침 식사와 정갈한 저녁 식사는 아주 맛있고 훌륭했다. 또한 바에서는 스코틀랜드 각지에서 생산된 수많은 위스키를 합리적인 가격으로 맛볼 수 있었다. 덕분에 매일 밤 나는 이곳에서 주량 이상으로 많은 위스키를 음미했다. 바에서 만난 영국인과 현지 스코틀랜드인과도 친해져서, 사흘 뒤 숙소를 건너편 호텔로 옮기고 나서도 저녁마다 이곳 바에서 그들과 위스키를 마셨다. 우리는 국제정세, 한일관계, 삶의 무게에 대해 치열한 의견을 나누었다.

나는 그 바에서 비슷한 성정의 스코틀랜드인들과도 술 한잔씩 나누며 친해졌다. 대부분은 이곳 주민이거나 증류소 관계자로 출장 온 사람들이었다. 그중 몇몇과는 지금도 SNS로 연락하며 안부를 묻는 사이가 되었다. 바텐더이자 사장인 일본인은 손으로 전표를 일일이 써가며 주문에 대응하는 옛날 사람으로, 클래식 위스키 바를 운영하기에 제격이었다. 이곳의 훌륭한 위스키 컬렉션은 대부분 한 잔에 4~6파운드, 만 원이 채 안 되는 가격이다. 이곳뿐만 아니라 스코틀랜드 대부분 바에서는 위스키 한 잔 가격이 그다지 비싸지 않다. 요즘 위스키 가격이 많이 올랐다지만 이곳 바들은 그들이 예전에 저렴하게 구입했던 위스키 가격을 기준으로 한 잔 가격을 책정한다. 위스키에 대한 스코틀랜드인의 애정과 자존심이 아닐까 미루어 짐작해볼 뿐이다.

사흘 뒤에 옮긴 호텔은 첫 번째 호텔보다 규모가 컸다. 제대로 된 규모의 레스토랑에서는 스코틀랜드 전통 음식이 제공되었다. 아침에는 우리 식으로 표현하면 피순대와 비슷한 다양한 블랙 푸딩을 곁들인 요리, 저녁에는 셰퍼드 파이나 해기스 같은 요리가 미각을 깨어나게 했다. 이 호텔에서는 레스토랑 이름을 딴 하우스 위스키 코퍼 독Copper Dog을 만들 정도로 위스키에 대한 자부심이 무척 높다. 코퍼 독 위스키는 한국 마트에서도 흔히 판매된다.

미리 알아둔 정보에 따르면 두 번째 호텔에는 스페이사이드 지역에서도 매우 유명한 클래식 바가 있었다. 바 이름은 더 퀘익The Quaich, 스코틀랜드의 전통 술잔을 의미한다. 하지만 하필 내부 수리 중이라 문을 열지 않았다. 그곳에서 한잔하지 못한 것이 무척 아쉬웠다. 나는 어쩔 수 없이 밤마다 첫 번째 호텔 바로 건너가 그곳 친구들과 만 원의 행복을 즐겼다.

두 번째 호텔은 로비가 특히 근사한데, 오래된 고가구와

2부 스페이사이드 위스키

스페이사이드 위스키 투어의 중심인 크라이겔라키 다리.
그 아래로 브라운색 스페이강이 흐른다.

큰 거울, 두꺼운 커튼으로 둘러싸여 고풍스러운 분위기가 물씬
피어났다. 봄날 오후, 스코틀랜드 특유의 냄새가 향긋한 소파
에 푹 눌러앉아 위스키 반 잔을 타 넣은 홍차를 들고서 코넌 도
일의 책을 한 권 펼친다면, 19세기로 건너가 셜록 홈즈에 완벽
하게 빙의될 것이다.

싱글 몰트의 개척자, 글렌피딕

글렌피딕 증류소에서 관계자의 도움으로 증류소의 내
밀한 곳까지 엿볼 수 있는 VIP 투어를 진행했다. 일반인에게
개방되지 않는 특별한 숙성 창고까지 들어가서 귀한 캐스크의

위스키를 작은 병에 담아 올 수 있었다. 위스키 마니아들에게는 눈물이 날 정도로 귀하고 소중한 경험이었다. 물론 그때 담아 온 위스키는 몇 해가 지난 지금 모두 내 뱃속에 들어 있다. 이 호사는 모두 증류소 관계자 Y의 호의와 배려 덕분이었다. Y는 글렌피딕만의 증류와 숙성 과정 하나하나를 꼼꼼하게 설명해주었고, 위스키 마니아라면 눈이 휙 돌아갈 만큼 엄청난 숙성 창고의 캐스크를 모두 보여주었다. 또한 투어 이후 시음 자리에서 아내가 요리연구가라고 하니 위스키 푸드 페어링에 대해 친절하고 깊이 있게 이야기를 나누기도 했다. 과장되거나 억지스럽지 않게, 한발 뒤에서 말없이 배려해주고 챙겨주는 영국식 의전에 진심으로 감명을 받았다.

스페이사이드에서 글렌피딕 증류소를 가장 먼저 찾은 이유가 있다. 글렌피딕은 오늘날 싱글 몰트 위스키 산업의 카테고리를 만든 위스키이다. 70년대 전후에 공항 면세점에 주로 진열된 양주는 무엇이었을까? 아마도 해외를 다녀온 우리 아버지 세대는 조니 워커Johnnie Walker나 발렌타인Ballantine's, 시바스 리갈Chivas Regal 같은 블렌디드 위스키를 구입했을 것이다. 어쩌면 그분들 가운데 몇몇은 그 시절 면세점 진열대에서 싱글 몰트 위스키 카테고리의 유일한 수호자였던 글렌피딕을 기억할 것이다. 글렌피딕은 본격적인 싱글 몰트 시대가 열리기까지 20여 년을 외롭게 그리고 치열하게 그 자리를 지켜왔다. 한참이 지나서야 맥캘란이나 글렌리벳 같은 싱글 몰트가 조금씩 모습을 보이기 시작했다. 하지만 싱글 몰트 위스키의 존재감은 아주 미미했고, 쟁쟁한 블렌디드 위스키들은 결코 면세점 진열대 자리를 양보하지 않았다. 면세점 진열대를 싱글 몰트 위스키가 대부분 점령한 것은 불과 몇 년 전이다. 코로나 팬데믹 시기에 '홈술'이 트렌드가 되면서 사람들은 찬찬히 맛을 음미하면서 마시는 싱글 몰트 위스키에 매료되었다. 이제 면세점 진열대 구석으로 밀려난 블렌디드 위스키 카테고리에는 발렌타인이나 조니 워커 정도만 자리를 지키고 있으니, 격세지감을 느낀다.

흔히 술맛은 물맛이 좌지우지한다고 한다. 전통주든 위스키든 모든 술은 물맛을 강조하는데, 사실 여기에 작은 반전이 있다. 이는 경제 논리에 따른 것이기도 한데, 대부분 증류소는 대도시에서 떨어진 산 좋고 물 좋은 곳에 위치한다. 이곳에서 위스키를 증류하고 보관 창고에 숙성하지만, 거기서 직접 병에 담아 출하하지는 않는다. 위스키를 작은 병에 하나씩 담아 출하하려면 물류 비용이 엄청나게 들기 때문이다. 먼저, 대략 60도 안팎의 숙성된 위스키 원액을 탱크로리에 실어 대도시 인근 병입 공장으로 운송한다. 이곳에서 물을 섞어서 40도 정도로 도수를 낮춘 다음 병입해서 상품화한다. 좀 직설적으로 이야기하자면, 우리가 마시는 위스키 내용물 중 3분의 1 정도는 글래스고나 에든버러의 수돗물이다.

그런데 글렌피딕은 물을 섞어서 도수를 낮추고 병입하

는 과정이 증류소에서 이루어진다. 즉 물맛을 지키기 위해 수돗물이 아닌 증류소 인근의 맑은 샘물(로비듀)만을 고집한다. 글렌피딕 창업자 윌리엄 그란츠는 로비듀 샘물 주위 땅 150만 평을 매입해서 수원지의 오염을 원천 봉쇄했다. 사람들은 당장 돈이 안 되는 데 헛돈을 쓴다고 크게 반대했지만 그란츠는 끝끝내 밀어붙였다고 한다. 창업자라면 그 정도 혜안과 고집이 있어야 하나 보다. 나는 그 정도는 안 되는 그릇이니 그저 즐겁게 위스키를 마실 뿐이다. 사실 어지간한 마니아라도 대부분은 위스키에 섞인 물이 수돗물인지 청정수인지 감별할 능력이 없다. 어쨌거나 맑고 깨끗한 샘물로 채웠다는 이야기를 들은 뒤로는 글렌피딕을 마실 때 한결 깊고 청량한 느낌이 든다.

　　위스키와 관련된 속담 중에, '세상에 나쁜 위스키는 없다. 좋은 위스키와 더 좋은 위스키가 있을 뿐이다'라는 말이 있다. 전적으로 동의한다. 하나 첨언하자면, 모든 위스키는 자신만의 특별한 무엇인가를 병 속에 품고 있다. 위스키의 가치는 숙성 연수나 캐스크 품질이 아니라 각각의 위스키마다 가진 개성과 표현 방식에서 나온다. 거기에는 어떤 절대 기준과 차별도 없으며, 오직 마시는 개인들 각자의 판단과 수용 정도에 따라 가치가 매겨진다. 누구에게는 글렌피딕 30년보다 12년이 더 잘 맞을 수 있으니 모든 위스키는 그 자체로 온전히 동등하다.

　　존경받는 위스키 브랜드인 조니 워커는 과거 '스트라이딩 맨'이라는, 걸어가는 남성을 심볼로 내세웠는데, 최근에는

세계 최대 생산량을 자랑하는 싱글 몰트 글렌피딕의 증류기.
총 32개가 연간 1천3백만 리터를 생산하고 있다.

여성 심볼인 '제인 워커'가 나오기도 하고, 아예 다양한 개성과 특성, 인종적 배경을 가진 집단을 스트라이딩 그룹으로 내세운다.

　'편견을 버리고 다양성을 존중하며 다 함께 미래로 가자'는 문구는 거창한 정치적 구호가 아니라 우리 각자가 일상적으로 지켜야 할 삶의 태도이다. 감미로운 위스키 한잔과 함께 깊은 사유에 잠기는 마니아라면 더더욱 그렇다. 이때 어울릴 만한 위스키로는 외로이 싱글 몰트 위스키 카테고리를 지키고, 결과적으로는 목적한 바를 이루어낸 글렌피딕이 제격이다. 글렌피딕에서 'fiddich'은 사슴이라는 뜻이다. 사슴의 뿔처럼, Keep Walking Glenfiddich!

첫 '생빈' 위스키, 글렌파클라스
Glenfarclas

정로환征露丸과 정로환正露丸

물을 갈아 마셔 배탈이 났을 때 먹는 약은 많지만, 가장 대표적인 약은 아무래도 정로환이다. 정로환은 특유의 소독약 냄새가 나는데, 강력한 살균 효과를 내는 주성분인 크레오소트에서 기인한다. 정로환은 1905년에 일본에서 만들어졌다. 러일전쟁 때, 만주에 진출한 일본군이 물갈이할 때 배탈을 멈추게 할 약을 만들라는 일본 천황의 명으로 개발되었다. 사실 정로환은 처음에는 티푸스 예방약으로 나왔는데, 원래 용도보다 부수적인 효과가 더 탁월해서 지사제로 그 역할을 바꾸게 되었다. 정로환이라는 이름은 '정복할 정征', 러시아를 뜻하는 한

황량한 언덕 위에 덩그러니 서 있는 증류기와 글렌파클라스 전경.

자 '로露', '약 환丸', 즉 '러시아를 정복하는 약'이라는 뜻이다. 약
효가 뛰어난 정로환은 러일전쟁에서 일본 승리의 숨은 주역이
었다. 2차 세계대전 종전 후 러시아는 승전국, 일본은 패망국의
운명을 맞았다. 패전 후 정로환 제조회사들은 자연스럽게 '征'
을 '바를 정正'으로 바꾸어 출시했다. 또한 전쟁 당시 정로환 포
장에는 일본 육군 초대 의무총감 초상이 그려져 있었는데, 지
금은 나팔로 바뀌었다.

　　파스퇴르 이후, 19세기에 사람들은 모든 병이 세균에서
기인한다고 보았다. 이에 따라 목탄을 증류한 액체인 크레오소

트는 뛰어난 살균력을 자랑하며 만병통치약처럼 대접받았다. 하지만 현대 들어 크레오소트에 대한 평판은 완전히 바뀌었다. 크레오소트는 크레졸과 페놀, 과이어콜 성분으로 구성되는데, 모두 발암물질로 알려져 있으며 인체 유해성 논란이 끊이지 않는다. 직접적인 유해성이 과학적으로 완전히 입증되지는 않았지만, 우리나라에서는 최근에 크레졸 성분을 뺀 정로환F를 생산하고 있다.

크레오소트는 오늘날 위스키를 구분하는 중요한 기준이 되는 물질이기도 하다. 바로 크레오소트 함유 여부에 따라 피트 위스키인가 아닌가가 결정된다. 석탄보다 발화점이 낮은 연료인 이탄, 즉 피트에는 크레오소트 성분이 들어 있다. 이탄으로 몰트를 훈연한 피트 위스키에서 정로환 냄새가 나는 이유가 이 때문이다.

히스로공항과 히스 꽃

정상적인 직장인이라면 3년 연달아 스코틀랜드를 여행할 사람이 별로 없을 것이다. 내가 바로 그 비정상적인 사람이 되었다. 순전히 위스키에 미친 탓이다. 나는 첫해에 짧은 일정상 못다 간 스페이사이드의 다른 위스키 증류소를 마저 둘러보기 위해 이듬해에 홀로 여행길에 올랐다. 하지만 두 번째 여행 기간에도 증류소를 모두 돌아보지 못했다. 마침 그다음 해에 영국에 갈 일이 생겼고, 나는 세 번째 스페이사이드 여행을 강행했다. 그런데 런던까지 같이 간 아내는 웬일인지 더 이상 같이 가지 않겠다고 했다. 덕분에 나는 며칠 동안 스페이사이드에서 홀로 환상적인 시간을 보냈다. 아내가 왜 같이 가지 않고 런던에서 막내와 시간을 보냈는지 이유를 잘 모르겠다. 위스키 증류소를 둘러보는 것보다 재미난 일이 세상에 또 어디 있는가 말이다!

세 번째 여행을 위해 우리는 인천공항에서 열두 시간을 날아가 런던 히스로공항에 내렸다. 사실 '히스로'라는 이름도 위스키와 꽤 관련이 있다. 히스로는 '히스가 줄지어 있는 곳'이란 뜻이다. 히스는 진달래과 키 작은 관목으로 척박하고 차가운 황무지에서 주로 자란다. 히스는 영국의 수많은 예술가에게 영감을 주었으며 시와 그림, 도자기 문양 등에 스며들어 있다. 분홍빛 히스 꽃은 영국의 비공식 국화로 일컬어질 만큼 영국인이 사랑해 마지않는다.

히스가 죽고 켜켜이 쌓이고 썩어 오랜 세월이 지나면 탄화되어 연료로 쓸 수 있는 피트가 된다. 피트 위스키가 주로 아일라섬과 북서 스코틀랜드에서 만들어지다 보니, 흔히들 히스가 그 지역에서만 자란다고 오해한다. 하지만 히스는 영국 전역에서 잘 자란다. 런던 시민들이 사랑하는 휴식처 햄스테드 히스 공원에도 히스 꽃이 만발한다.

런던에서 아내와 헤어진 나는 홀로 에든버러행 비행기

에 몸을 실었다. 에든버러에서 엘긴까지는 지난번처럼 기차로 이동했지만, 그 뒤로는 주로 버스를 타고 스페이사이드 곳곳을 다녔다. 버스는 하루에 한두 번 다니는데, 운행 시간표를 맞추기도 어렵고 느릿느릿 움직여서 현대인의 속도와는 잘 맞지 않았다. 하지만 내 마음속 시계를 하일랜드 시간으로 맞추고 나니 오히려 편안하고 아늑했다. 덕분에 나는 버스 차창 밖으로 펼쳐지는 풍경을 눈에 가득 담을 수 있었다. 물론 지난번 방문했을 때 우리를 친절하게 안내해주었던 데렉의 조언도 큰 도움이 되었다. 이따금 버스 시간을 도저히 맞출 수 없을 때는 택시로 조금씩 이동하기도 했지만, 한국에서의 바쁜 일상을 내려놓고 자연스레 스코틀랜드의 시공간으로 스며들어 갔다.

물론 스페이사이드 버스 여행은 (유쾌한 이야깃거리로 남을 만한) 수많은 시행착오를 거쳐야 했다. 엘긴역에서 크라이겔라키까지 가는 버스는 한 시간마다 배차된다고 들었는데, 막상 엘긴역에 도착해보니 도무지 버스정류장을 찾을 수 없었다. 20분여 무거운 트렁크를 끌고 언덕을 넘어서니 그제야 언덕 아래 버스정류장이 보였다. 도대체 왜 엘긴역과 수백 미터 떨어진 언덕 너머에 '엘긴역 버스정류장'을 만들었는지 이해가 되지 않았다. 한참을 기다려 도착한 버스는 내 이런 심정을 아는지 모르는지 그저 시속 30킬로미터로 느긋하게 시골길을 달린다. 하지만 답답한 마음은 황홀한 차창 밖 풍경에 사르르 녹

2부 스페이사이드 위스키

아들었다. 다음 정류장에서 분홍빛 뺨의 하일랜드 시골 아가씨가 버스에 올랐다. 나는 아가씨와 즐겁게 수다를 떨면서 금세 하일랜드의 일부가 되어갔다.

생년 빈티지 위스키

이번 여행의 첫 목적지는 글렌파클라스 증류소다. 버스를 두 번 갈아타고 중간에 한 번 택시를 타고서 어렵사리 찾아갈 수 있었다. 워낙 유명한 위스키를 만드는 증류소라 외관도 수려하고 아름다울 것이라고 생각했다. 하지만 내 기대는 초장에 박살 나고 말았다. 글렌파클라스 증류소는 마치 화성의 어느 지표면 풍경처럼 생경하고 을씨년스러웠다. 증류소 입구를 버티고 선, 폐기된 거대한 증류기는 건물과 전혀 비례가 맞지 않아 부조화스러웠다. 또한 증류소 뒤로 펼쳐진 구릉은 온전히 민둥산이었는데, 아일라섬 건너편 주라섬보다 황량했다. 여기에 더해 짙푸른 하늘과 커다란 뭉게구름은 더욱 이질적인 풍경을 연출했으며, 마치 살바도르 달리의 초현실주의 그림을 보는 듯했다. 애써 그 안에서 어떤 의미를 찾아보려고 했으나 이미 내 상상력 저편으로 벗어나 있었다. 그저 그 광경 그대로를 받아들이는 수밖에 없었다. 놀란 마음을 가라앉히고 짐짓 태연한 표정으로 거대한 증류소 문을 열고 들어갔다.

한국에서 출발하기 전에 글렌파클라스 증류소 홈페이지

를 뒤져서 일단 관광객용 10파운드짜리 증류소 투어 프로그램을 신청했다. 하지만 어렵게 찾아간 만큼 증류소를 좀 더 깊이 담아 가고 싶었다. 그래서 담당자에게 따로 내 소망을 담은 이메일을 보냈다. 역시 두드리면 열리는 법. 운 좋게도 '5 Decades Tour' 프로그램에 참여할 수 있다는 회신이 왔다. 한 달에 한 번, 두 명 이상의 신청자가 있는 경우에만 열리는 매우 제한적인 프로그램이었다. 마침 프랑스인 커플이 신청한 상태였고, 거기에 한 자리 추가한 것이다. 1인당 120파운드를 지불한 그 투어의 참가자는 이렇게 단 세 명뿐이었고, 70세는 족히 넘어 보이는 증류소 최고참 할아버지가 가이드였다. 우리는 스코틀랜드에서 가장 크다는 증류기를 비롯해 글렌파클라스의 모든 제조 공정을 샅샅이 볼 수 있었다. 할아버지 가이드는 글렌파클라스 위스키 생산 비결에 대해 열변을 토했지만, 솔직히 지금은 기억이 나지 않는다. 그저 투어의 하이라이트인 5 decades 위스키를 시음한 순간만 생생하게 기억날 뿐이다.

시음 이벤트는 증류소 건물에서 가장 크고 넓은 '선장실 Captain's Cabin'에서 열렸다. 이곳에서 우리는 글렌파클라스가 자랑하는 1960년대부터 2000년대까지 패밀리 캐스크 위스키를 10년 단위로 다섯 잔 시음했다. 모두 하나의 오크통에서 바로 병입한 싱글 캐스크 위스키이자, 물 한 방울 섞이지 않은 캐스크 스트렝스 위스키였다. 위스키 애호가인 프랑스인 커플과 나는 눈이 휘둥그레졌다. 한 잔 가격이 아마도 수백 파운드를

2부 스페이사이드 위스키

넘길 만할 귀한 위스키였다.

뒤이어 할아버지 가이드가 우리 나이를 물었다. 나는 1966년생이고, 프랑스인 커플은 나보다 한두 살 더 많았다. 그들보다는 어리고, 지구 반대편에서 온 나에게, 그 할아버지 가이드는 나의 생년 빈티지 위스키를 한 잔 따라서 건네주었다. 위스키를 사랑하는 사람이라면 누구나 자신이 태어난 해의 위스키를 한잔 마셔보고 싶어 하기 마련이다. 내 나이가 있는지라 그런 호사는 인생의 소중한 또 다른 것을 희생해야 가능하기에 거의 포기하고 살았는데, 뜻밖에 찾아온 감사한 선물이었다. 프랑스 커플도 내 생년 빈티지 위스키를 같이 마시며 축하해주었다.

글렌파클라스의 고숙성 위스키는 진간장보다 진한 검정색을 띠었다. 향과 맛이 진할 듯해서 긴장했지만, 50년 넘게 숙성을 거친 1966년산 위스키는 향도 은은했고 목 넘김도 부드럽고 따뜻했다. 위스키는 마치 하늘의 이치를 깨달은 듯 근사했고, 같은 세월을 살아왔지만 미혹한 나는 그저 눈으로 코로 입으로 지천명을 더듬는 수밖에 없었다.

'위스키는 지금 사면 총알이고 나중에 사면 대포알, 시간이 더 지나면 미사일이다'라는 말이 있다. 지금 젊은 세대는, 아예 시도조차 하기 어려웠던 우리 세대와는 다르게 기회가 열려 있다. 그러니 만약 자신의 생년 빈티지 위스키에 관심이 있다면 미사일이 되기 전에 미리 한 병 사두시라. 조금 무리해서

라도 자신의 생년 빈티지를 한 병 구입해놓으면 세월이 흐른 뒤 소중한 순간에 분명 요긴하게 쓰일 것이다.

스페이사이드의 피트 위스키

글렌파클라스는 셰리 위스키로 이름 높다. 피트 위스키는 아일라를 비롯한 섬 지역에서 주로 만들어지고, 셰리 위스키는 스페이사이드 인근에서 주로 만들어진다는 게 일반 상식이다. 그런데 가이드 할아버지는 우리에게 좀 다른 이야기를 들려주었다. 스페이사이드에도 피트가 흔하게 산재하며, 예전에는 피트 위스키를 많이 만들었다는 것이다. 그러니까 일종의 경제 논리, 생존 전략이 작동한 셈이다. 피트 위스키로 유명한 지역이 따로 있으니, 스페이사이드 증류소들은 최소한의 풍미를 내는 정도로만 피트를 사용하고 셰리 위스키에 주력했다. 또한 이곳에서 채취된 피트는 아일라를 비롯한 유명 피트 위스키 산지로 팔려나간다.

그렇다고 스페이사이드에서 피트 위스키를 아예 만들지 않는 것은 아니다. 예를 들어, 발베니는 특별한 피트 위스키를 만든다. 발베니는 일상적으로 셰리나 버번 캐스크의 위스키를 만들지만, 1년 중 딱 일주일 동안 피트 위스키를 생산하고 있다(Peated Week 또는 Week of Peat). 이를 위해서는 몰트를 훈연하는 연료를 석탄에서 피트로 바꾸어야 한다. 제조업식으로 말

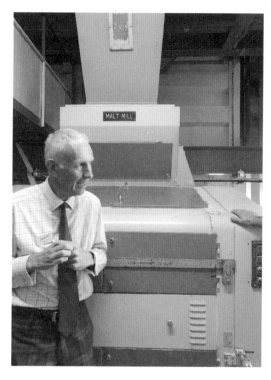

맥아를 분쇄하는 설비 앞에서 증류소 최고참 할아버지 직원이
피트 위스키의 역설에 대해 설명해주고 있다.

하자면 셋업을 바꾸어야 하는데, 이 과정이 여간 어렵지 않다.
피트를 연료로 쓰고 나서 설비에 밴 피트 냄새를 없애는 데도
애를 먹는다고 한다.

　　이 밖에도 스페이사이드의 몇몇 증류소에서는 여전히
피트 위스키를 생산하고 있다. 이 진귀한 피트 위스키는 전통

적인 맛을 벗어나 이단의 맛을 찾는 마니아들을 자극한다. 수요자가 있는 한 스페이사이드의 피트 위스키 생산은 계속될 테고, 나아가 새로운 수요처를 찾아 이동할 것이다. 이처럼 스페이사이드 피트 위스키는 수요와 공급의 불일치 상태를 극복하기 위한 치열한 노력의 결과물이다.

뜬금없지만 내 인생의 책을 한 권 꼽으라면 나는 망설임 없이 《더 골*The Goal*》이란 책을 추천한다. 제약조건이론을 소설로 쉽게 풀어 쓴 책인데, 워낙 세계적으로 인기가 좋아 총 네 권에 이르는 후속편이 계속 나왔다. 읽기에 어렵지 않고 무척 재미있어 주위의 많은 분들, 특히 젊은이들에게 권하곤 한다. 이 책에 따르면, 수요와 공급의 불일치를 해결하는 과정에서 각 주체들은 수많은 대안과 개선책을 모색한다. 이러한 노력의 결과물이 오늘날 ERP니 SCM, CRM이니 하는 것들로 구현되고 진화하고 있다는 내용이다. 위스키의 생산과 유통 또한 여기에서 자유롭지 않다. 지난 글렌피딕 편에서 위스키의 물류 효율화 때문에 우리가 마시는 위스키의 3할 정도는 글래스고나 에든버러의 수돗물이라고 했지만, 이외에도 곳곳에서 유사한 사례를 찾아볼 수 있다. 버번의 병이 대개 각지거나 편평하게 만들어진 이유도 효율적인 적재를 위함이니 이 또한 같은 주제로 귀결된다.

이렇듯 세상의 모든 일은 나 홀로 돌아가지 않고 서로 연결되어 영향을 준다. 지금 이 글을 쓰는 느긋한 토요일 오후,

다시 한번 1966년산 글렌파클라스 한잔을 음미하며 지나간 글렌파클라스 여행의 순간과 연결되고 싶다. 마치 생일선물을 받은 것처럼!

정관사 'The'의 무게, 글렌리벳
The Glenlivet

'The'가 붙은 위스키

과거에 이 위스키는 맛을 보기도 전에 이미 보물과 마주하는 느낌이었다. 갈색 종이 상자를 열면, 이 보물은 바스락거리는 베이지색 모조지에 정성스레 감싸여 있었다. 최초의 공식 위스키 글렌리벳이 그 주인공이다. 요즘이야 위스키 원액이 부족해져 12년 숙성 위스키도 대접받지만, 그 당시엔 12년 숙성 위스키를 이렇게 공들여 포장해서 내놓는 경우는 없었다. 보기 좋은 떡이 먹기도 좋은 법이다. 로고가 박힌 종이로 위스키를 감싼 모습은 감동 그 자체였다. 비용 절감 탓인지, 지금은 종이로 감싸서 출하하는 위스키가 더 이상은 없다.

글렌리벳 증류소 로비의 조형물.
그동안 만들어진 모든 글렌리벳 병을 사용하여
예술적 감각을 드러냈다고 한다.

스코틀랜드는 위스키의 본고장으로 인정받는다. 유구한 역사를 자랑하는 스카치 위스키 중에서도 글렌리벳을 포함한 세 개의 위스키에만 이름 앞에 정관사 'The'가 붙는다. 가히 3대장이라 할 만하다. The Glenlivet, The Balvenie 그리고 The Macallan. 이름 앞에 'The'를 붙여라 마라 하고 법으로 정해진 것은 아니다. 다만 오랜 역사를 가진 훌륭한 위스키에 대한 업계의 예우인 셈이다.

오늘날 글렌리벳은 발베니와 맥캘란에 비해 상대적으로 인지도가 낮아 보인다. 특히 분야를 가리지 않고 일등 쏠림 현상이 심한 우리나라에서는 발베니나 맥캘란의 선호가 압도적이다. 하지만 공식적으로는 글렌리벳이 'The'가 붙는 위스키의 원조이다. 또한 위스키는 모두 독립적인 개성과 저마다의 표현을 가지고 있어 우열을 논하는 것은 어폐가 있다. 브랜드의 유명세를 따르지 않고 개인의 취향을 기준으로 삼는다면, 글렌리벳은 우선순위 선택지에서 결코 빠지지 않을 것이다.

글렌리벳은 '리벳강의 계곡'이라는 뜻이다. 리벳강은 스페이사이드 유역을 흐르는 작은 개울이다. 글렌리벳은 다른 스코틀랜드 증류소와 마찬가지로 소규모 가내수공업 밀주 제조소였으며, 1824년 제1호 위스키 증류소로 공식 등록했다. 술과 세금의 관계는 때려야 뗄 수 없는 운명이다. 세금을 더 받으려는 정부와 덜 내려는 업자들은 늘 첨예하게 대립했다. 대부분 증류소가 허가받지 않은 밀주 제조업자가 된 것도 이런 이유

때문이다. 그런데 글렌리벳이 관행을 깨고 정식 증류소로 등록하고 면허를 취득했으니, 업계에서는 배신 행위로 간주되었다. 다른 증류소 관계자들은 글렌리벳 사장 조지 스미스를 죽이겠다고 협박했다. 조지 스미스는 자신을 지키기 위해 데린저 권총을 차고 다녔다고 한다.

데린저는 요즘 잘 볼 수 없는 권총이지만, 총열과 약실이 일체형이다. 쉽게 말하자면 총알이 나가는 총열 바로 뒤에 뇌관을 때리는 공이가 붙어 있는 일자형 구조이다. 이처럼 구조가 단순해서 크기는 작지만 위력이 강했다. 어차피 가까운 목표를 쏠 테니까 명중률은 큰 상관없고, 총알 한두 발 장전해서 유사시에 쓰는 호신용 권총으로 제격이었다. 흥미로운 사실은, 데린저가 같은 이유로 암살 목적으로도 자주 사용되었다는 점이다. 링컨 암살자도 데린저 권총을 사용했고, 얼마 전 일본 아베 총리 암살에도 데린저식 사제 권총이 사용되었다. 어쨌거나 조지 스미스는 공식 증류소로 등록한 뒤에 사업을 크게 확장해갔다. 글렌리벳의 성공에 배가 아팠는지 다른 증류소들도 하나둘 면허 취득 대열에 합류했고, 이로써 스카치 위스키는 공인된 산업으로 자리 잡았다.

글렌리벳에 'The'가 붙은 사연도 못지않게 재미있다. 글렌리벳 위스키가 크게 유명세를 타면서, 다른 증류소들도 글렌리벳 이름을 차용하여 자기네 위스키 이름 앞에 붙이기 시작했다. 예를 들어, 맥캘란 위스키에 '글렌리벳 맥캘란'이라는 이름을 붙인 것이다. 글렌리벳은 애초에 지역을 일컫는 이름이니 모두 자유롭게 사용할 수 있다는 논리였다. 지금도 이 지역의 오래된 위스키 병에는 '글렌리벳 XXX'라는 식의 이름이 붙은 라벨을 볼 수 있다.

원조 글렌리벳은 브랜드 이름을 지키기 위해 온갖 방법을 고안했다. 글렌리벳 이름을 사용한 다른 증류소에 소송을 제기하고, 또 자신의 브랜드 앞에 'The'를 붙여넣었다. 1호 공식 위스키로서 역사와 자긍심을 내보인 것이다. 다른 증류소는 'The 글렌리벳'을 별다른 저항 없이 받아들였다. 정통성에 대한 존중의 의미였을 것이다. 발베니와 맥캘란이 'The'를 붙인데도 저마다 사연이 있지만, 마찬가지 이유로 인정받았다.

최근에 'The'를 붙이기 시작한 위스키가 몇 개 더 생겨났다. 그중 글렌 그란트 정도라면 그 역사와 명성으로 고개가 끄덕여지는 곳이라, 'The'를 붙일 만하다고 인정하는 분위기다. 일본의 닛카ニッカ 위스키에도 'The'를 붙이기는 하지만, 스카치 위스키의 본진이 아니기에 논외로 한다.

프랑스의 위스키 사랑

비행기와 기차, 버스와 택시 등 온갖 교통수단을 동원하여 도착한 글렌리벳은 역시 예상처럼 거대하고 멋있는 증류소였다. 글렌리벳은 프랑스의 다국적 주류기업인 페르노리카가 소유하고 있다. 프랑스계 회사들의 건물 디자인이나 인테리어는 참 독특하고 아름답다. 아이러니하게도 프랑스인은 영국 위스키를 누구보다도 사랑한다. 전 세계 위스키 시장의 대부분을 차지하는 블렌디드 위스키를 가장 많이 소비하는 나라가 프랑스이다. 전체 위스키 소비량 또한 프랑스가 굳건히 1위 자리를 차지해왔다. 최근에 인도가 막대한 인해전술로 프랑스를 밀어냈지만, 인구 대비 소비량으로는 압도적으로 우위를 지키고 있다. 그만큼 프랑스인의 스카치 위스키 사랑은 유별나다. 반대로 영국인은 와인을 지극히 사랑한다. 전 세계 와인 소비량 순위에 영국은 빠짐없이 5위 안에 들어간다. 서로의 문화를 지극히 좋아하지만 어느 지점에서는 서로를 극도로 싫어하는 복잡 미묘한 태도를 보인다. 마치 한국과 일본의 관계를 보는 듯하다. 이 때문에 수많은 스카치 위스키와 아이리시Irish 위스키의 소유주가 프랑스 회사이다. LVMH가 소유한 아드벡 증류소에서도 느꼈지만 인테리어 감각은 역시 프랑스였다.

글렌리벳 증류소에 도착하면 먼저 거대한 글렌리벳 사인이 새겨진 벽 앞에서 인증샷을 남겨주어야 한다. 신성한 통과의례처럼 인증샷 의식을 마치고 안으로 들어가니 글렌리벳 병으로 만들어진 엄청나게 큰 나선형 조형물이 눈에 들어온다. 글렌리벳이 걸어가야 할 무한한 앞날을 의미한다고 한다. 크고 멋지긴 했지만, 사실 좀 억지스러워서 감흥이 없었다. 이렇듯 어떤 사물과 존재에 스토리텔링을 만들어 의미를 부여하기란

참 어려운 일이다.

　　모든 기업과 조직은 비전과 미션을 스토리텔링에 녹여 내어 내부 구성원과 외부 이해관계자의 공감을 얻어내야 성공할 수 있다. 내 첫 직장이었던 IBM은 기계와 인간의 차이를 'Think!'에서 찾았고, 이를 모토로 삼아 내부와 외부 모두에게 공감을 이끌어냈고 거대기업으로 성장했다. 그런데 뒤이어 나타난 애플은 IBM을 통렬하게 비판하면서 'Think Different!'를 슬로건으로 삼았다. 가히 세계를 지배하는 기업다운 슬로건이다. 더구나 이 슬로건은 스티브 잡스가 자기가 창업한 애플에서 쫓겨난 이후 절치부심하여 복귀했을 때 내세운 것이다. 그러니 슬로건에 녹아든 치열함과 진정성은 두말할 나위 없다. 사실 이 슬로건은 문법적으로 올바른 문장이 아니다. 슬로건의 의도는 '다르게 생각하라'인데, 이러려면 'Think Differently'여야 한다. 즉, 동사 다음에 부사가 와야 문법에 맞다. 애플에서는 'Think'와 'Different' 사이에 'Something'이 생략되었다고 해명했는데, 이를 받아들여 해석하자면 '다른 것을 생각하라'로 풀이된다. 갑자기 슬로건의 품격이 확 떨어지는 느낌이다. 그보다는 '다르게 생각하라'가 훨씬 품위 있고 기개가 넘친다.

　　한국에도 비슷한 사례가 하나 있는데 바로 웅진그룹의 'Think Big'이다. 늘 새로운 꿈과 열정이 넘치는 창업주의 의지가 반영된 슬로건으로, '큰 것을 생각하라'가 아니라 '크게 생각하라'는 뜻이다. 'Big'은 부사이자 형용사이기 때문에 문법적으로도 문제가 없다. 영어가 모국어인 스티브 잡스보다 한국의 웅진이 더 멋진 슬로건을 만든 셈이다.

글렌리벳은 기본적으로 버번 캐스크 숙성을 통해 증류소가 가진 고유한 위스키의 풍미를 고집한다. 투명한 버번 캐스크의 크리스피한 질감과 포장지의 바스락거리는 감촉, 이 두 가지가 바로 내가 글렌리벳을 좋아하게 된 이유였다. 내가 위스키를 선택하는 가장 중요한 기준은 창조의 순수함과 외양의 격식이다. 글렌리벳은 이 두 가지를 모두 갖춘 멋진 녀석이다. 최근에는 글렌리벳에서도 유행을 따라 버번 캐스크 원액에다 셰리 캐스크 숙성 원액을 섞어 맛을 더한다고는 하나, 나는 본디의 순수한 버번 캐스크를 더 사랑한다.

글렌리벳은 나에게 늘 편안한 고향 같은 위스키이다. 부담 없이 살 수 있는 가격이면서도 맛과 향에서 높은 완성도를 뽐낸다. 그리고 내가 좋아하는 버번 캐스크이면서 무엇보다 정성스레 싼 종이 포장으로 인해 나는 글렌리벳을 사랑한다. 소중한 지인들과의 모임 자리에 갈 때면 내 손에는 거의 언제나 글렌리벳이 들려 있었다. 바스락거리는 종이에 싸인 글렌리벳을 꺼낼 때면 모두 탄성을 내뱉었고, 그날 모임은 무조건 성공을 보장했다. 이제는 종이 포장이 사라져서 섭섭하기는 하지만, 그래도 글렌리벳은 여전히 아름다운 선물이다.

뜻밖의 만남

글렌리벳 증류소를 다녀와서 에든버러로 돌아왔을 때의 일이다. 에든버러는 옛 스코틀랜드 왕국의 수도였으며, 오늘날에는 스카치 위스키 여행의 베이스캠프 같은 도시이다. 이곳에 스카치 위스키 체험관이 있는데, 위스키를 사랑하는 이들에겐 마치 디즈니랜드 같은 곳이다. 이곳에 근무했던 지인의 예약으로 투어와 시음 기회를 얻었다. 공짜 술은 언제나 맛있다. 더구나 위스키가 아닌가? 이곳 위스키 박물관에서 세상 모든 위스키를 원 없이 보고 난 후, 후룸라이드를 타고 위스키의 역사를 둘러보는 액티비티를 즐겼다. 조금 촌스럽다 싶은 감성이지만, 마치 롯데월드에서 후룸라이드를 타고 첫 데이트를 하는 스무 살 대학생이 된 듯 두근거리고 유쾌한 경험이었다.

투어를 마치고 아래층에 위치한 레스토랑에서 점심과 함께 반주로 위스키를 시키는데, 건너편 자리에 스무 명 정도 되는 다국적 그룹이 보였다. 흔한 단체 관광객과는 뭔가 포스가 달라 보였다. 자세히 보니 맙소사, 내가 다닌 단골 바의 오너 바텐더 S가 그곳에 앉아 있는 게 아닌가! 반가운 마음에 건너가서 인사하고는 무슨 일인지 물어보았다. 알고 보니 글렌리벳 소유주 페르노리카가 세계 각국의 바텐더를 대상으로 스카치 위스키 교육과 투어를 하는 중이라고 한다. 물론 그들도 글렌리벳 증류소를 다녀왔다고 한다. 아무튼 오너 바텐더 S는 전 세계 바텐더 앞에서 자신의 단골손님을 우연히 에든버러에서 만난 덕분에 어깨가 한껏 올라갔다. 나 또한 전 세계 바텐더에게 한국 위스키 애호가의 열정을 보여주었다는 생각에 마음이 뿌듯해졌다. 이런 근사한 만남이 인생에 과연 몇 번이나 일어날 수 있을까?

이탈리안의 열정이 빚은 위스키, 글렌 그란트
Glen Grant

열정의 빨간색, 캄파리의 세계

내 또래 남자 중에는 빨간색을 좋아하는 이들이 제법 많다. 우리는 일상에서 남자들은 파란색, 여자들은 빨간색을 선호하도록 강요받는다. 공중화장실의 남성 칸은 파란색으로, 여성 칸은 빨간색으로 표시된다. 그러니 남성이 빨간색을 좋아하려면 적잖은 용기가 필요하다. 어쩌면 남성 호르몬 농도가 차차 옅어지는 데 따른 보상심리인지도 모른다. 나이가 들수록 강렬한 빨간색이 좋아진다. 사실 나는 젊어서부터 빨간색을 좋아했다. 10여 년 전에 한동안 진홍색 SUV를 타고 다닌 적도 있다. 우리나라에도 빨간색 진도 홍주가 있지만, 이탈리아에도

글렌 그란트의 자랑, 더 메이저의 정원.

정말 진홍색 술이 있다. 바로 캄파리Campari인데 시원한 탄산에 타서 마시는 술이다. 물론 클래식 캄파리 칵테일cocktail도 있지만, 나는 강렬한 여름의 한가운데서 밀라노 시장 노점상이 잘 부순 얼음에 탄산수를 부어 쓱 말아주는 캄파리가 '찐'이라고 생각한다. 캄파리를 생산하는 캄파리그룹은 이탈리아에서 가장 큰 주류 회사이자, 와일드 터키Wild Turkey와 쿠르브아지에Courvoisier 코냑까지 아우르는 수많은 주류 브랜드를 소유한 세계적인 기업이다.

캄파리 창업자는 가스파레 캄파리이고, 아들 다비드가

뒤이어 글로벌 회사로 크게 성장시켰다. 다비드가 사세를 확장하게 된 사연이 무척 재미있다. 다비드는 역사상 가장 아름다운 프리마돈나로 손꼽히는 리나 카발리에리의 열혈 팬이었으며, 그녀의 공연을 보기 위해 미국·러시아·프랑스 등 세계 각국을 돌아다녔다. 그때마다 다비드는 지사를 설립한다는 핑계를 댔다. 그러다 보니 지사를 안 만들 수도 없는 노릇이었고, 이때 만들어진 세계 곳곳의 지사들이 결과적으로 캄파리를 글로벌 기업으로 변신시켰다. 이탈리아 남자의 사랑에 대한 집념은 뜨거웠지만, 다비드는 그녀의 사랑을 얻지 못했다. 하지만 그 대신 막대한 부와 명성을 얻었으니 어느 정도 대가를 보상받은 셈이다. 캄파리는 다비드의 뜨거운 사랑 이야기를 들려주듯 진홍색으로 빛난다.

캄파리그룹은 끝없이 사랑을 갈구하는 이탈리아인처럼 여러 주류 회사를 품에 안았다. 그리고 2000년대 들어 스코틀랜드 스페이사이드의 한 증류소를 인수하면서 퍼즐의 마지막을 맞춘다. 바로 글렌 그란트 증류소이다. 글렌 그란트는 우리나라에서는 그리 잘 알려지지 않았지만, 싱글 몰트 판매량에서 언제나 다섯 손가락 안에 들 만큼 유명한 위스키이다.

더 메이저의 정원

성공한 기업의 역사에는 반드시 혁신가가 있게 마련이고, 이곳 글렌 그란트에도 그런 이가 있었다. 창업자 조카인 제임스 그랜트, 이른바 '더 메이저The Major'로 불리는 사람이다. 글렌 그란트 위스키에 엄청난 영향력을 미친 사람이었기에 증류소 곳곳에 더 메이저의 흔적이 남아 있다. 더 메이저는 스코틀랜드 위스키 증류소 중에서 최초로 전기를 사용한 혁신가이자, 가볍고 섬세한 위스키를 만들기 위한 증류기와 정화기까지 직접 개발한 발명가였다. 그는 쉼 없는 혁신을 통해 가장 맛있는 위스키를 응축해내는 생산 설비를 갖추었다.

또한 더 메이저는 스코틀랜드 최초로 롤스로이스 자동차를 소유한 멋쟁이이자, 그 시대의 인디아나 존스처럼 인도에서 코끼리를 타며 호랑이 사냥을 하고, 아프리카를 거쳐 카리브해에 이르기까지 전 세계를 여행한 모험가였다. 그는 세계를 여행하면서 보고 듣고 느낀 견문과 미적 감각과 창조성을 집대성해서 글렌 그란트 증류소 정원을 완성했다. 완벽한 빅토리안 정원을 큰 틀로 갖추고, 세계 곳곳에서 수집한 기묘한 화초와 나무를 이 정원 곳곳에 심었다. 가장 전통적인 콘텐츠와 가장 이국적인 콘텐츠를 융합한 것이다. 이러면 자칫 한없이 촌스럽거나 기괴해 보일 수도 있을 텐데, 더 메이저는 오히려 다양성과 조화로움으로 승화시켰다. 하이브리드의 절묘한 균형은 콘텐츠를 온전히 이해하고 재구성할 수 있어야 가능한 경지이다.

증류소 본관 바로 앞에 펼쳐진 더 메이저의 정원은 규모부터 매우 거대했다. '글렌'이라는 이름이 붙은 데서 짐작하듯, 이 증류소는 계곡에 부지가 있어서 무척 협소하다. 이런 조건에서 3만 평 가까운 거대한 정원을 만들어낸 것도 대단하지만, 그 내부를 하나하나 새로운 콘텐츠로 채워간 것도 더욱 대단하다.

글렌 그란트 증류소를 방문했을 때 처음 맞이한 풍경은 지금도 잊히지 않는다. 정성스레 가꾸어진 정원이 드넓게 펼쳐지고, 그 한쪽에 고풍스러운 증류소 건물이 고즈넉하게 자리 잡고 있었다. 정말 증류소가 맞나 싶을 정도로 한 폭의 그림처럼 아름다웠다. 동화 같은 빅토리안 정원은 인공미가 최대한 절제되었으며, 주변 계곡과 시냇물까지도 마치 정원의 일부가 된 듯 조화롭게 어울렸다.

결국 나는 증류소 투어를 포기하고 정원 곳곳을 걷고 또 걸었다. 그리고 정원 한구석 사과나무 아래에서는 한동안 우두커니 서서 오롯이 향긋한 풋사과 향을 만끽했다. 그날따라 화창한 날씨도 한몫 거들어, 나는 다시 없을 호사를 누렸다. 그렇게 한참이 지난 후, 시음용 글렌 그란트 한 잔을 들고 다시 한동안 정원을 바라보았다. 글렌 그란트 위스키는 군더더기 없이 맑고 깔끔하지만, 때로는 익숙한 듯 익숙하지 않은 풍미를 슬쩍 보여준다. 더 메이저는 이 정원을 통해 글렌 그란트 정신의 정수를 보여주고자 했고, 그 의도는 적어도 내게는 성공한 것

키가 크고 슬림한 증류기 제조 공정을 거쳐 위스키 맛이
바스라지듯 가볍다. 여기에 더 메이저가 만든 정화기까지
설치되어 더욱 청량한 맛을 만든다.

넓은 더 메이저의 정원에 비하면 작은 건물.
글렌 그란트 증류소는
유난히 이탈리안 관광객들이 붐빈다.

같다. 그날 나는 이 정원의 아름다운 풍광 속을 거닐며 마치 글렌 그란트 위스키를 마신 듯 흠뻑 취했다.

이탈리안에게도 위스키가 필요할 때가 있다

몇 년 전 통계이지만, 이탈리아에서는 글렌 그란트 위스키 점유율이 70퍼센트에 달한다. 그만큼 이탈리아인은 글렌 그란트 위스키를 사랑한다. 나는 어렴풋이 그 이유를 알 것 같다. 천성적으로 밝고 낙천적인 이탈리아인은 투명하고 순수한 특징을 숨김없이 드러내는 버번 캐스크 위스키를 선호한다. 진한 향기와 끈적한 단맛, 짙고 어두운 색감의 셰리 캐스크 위스키는 어울리지 않는다. 나 역시 글렌 그란트 특유의 크리스피한 질감과 황금빛 맑은 액체의 유혹을 이겨낼 재간이 없다.

물론 이탈리아인은 과거에도 현재도 앞으로도 와인을 즐겨 마실 것이다. 군대의 전투식량에도 와인이 포함된 나라답게 이탈리아의 와인 사랑은 유별나다. 와인을 마시는 틈틈이, 그들은 때로 뜨거운 햇살을 식히기 위해 캄파리를 마신다. 위스키가 비집고 들어가기에 와인과 캄파리의 결속은 너무나 견고하다. 하지만 그들 삶에도 분명히 위스키가 필요한 순간이 있을 것이다. 아무리 낙천적인 이탈리아인이지만 인생이 마냥 행복할 수만은 없고, 때론 삶의 신산을 맞닥뜨릴 때가 있는 법이다. 그 순간 글렌 그란트 위스키는 존재감을 빛내며 그들 영혼을 위로해줄 것이다. 내게도 내 삶의 고비마다 이 글렌 그란트가 따뜻한 위안이 되기를 기대해본다. Viva Italia, Viva Gren Grant!

셰리 캐스크 위스키의 제왕, 맥캘란
The Macallan

일등이 아닌데 일등

어느 순간부터 이 행성에서는 맥캘란이 싱글 몰트 위스키의 대명사가 되었다. 싱글 몰트 위스키 카테고리를 만들어내고 오랜 기간 외롭게 그 시장을 지켜온 글렌피딕 입장에서는 좀 억울할 일이다. 지금도 글렌피딕은 싱글 몰트 시장의 생산량 1위 브랜드이고, 글렌리벳 역시 최초의 스카치 위스키이자 2위 브랜드로서 자부심을 지켜오고 있는데, 왜 3위인 맥캘란이 싱글 몰트의 대명사가 됐을까? 여담이지만, 억울함을 따지자면 글렌피딕이 할 이야기가 가장 많을 것이다. 'The'가 붙은 싱글 몰트 3대장에 글렌피딕이 빠진 점은 못내 아쉽다. 아마도

멀리서 바라보면 나즈막한 구릉들이 구불구불 줄지어 서 있는
맥캘란 증류소 전경.

그들은 같은 회사에서 운영하는 발베니에 'The'가 붙은 것으로
그나마 위안 삼고 있지 않을까 싶다.

물론 맥캘란도 오랜 역사와 전통을 자랑하고, 그 명칭
앞에 정관사 'The'가 허용되는 세 위스키 중 하나이다. 하지만
역사도 생산량도 판매량도 1위가 아닌 맥캘란이 전 세계에서
싱글 몰트의 대명사로 알려진 이유를 설명하지는 못한다. 맥캘
란은 위스키계의 롤스로이스로 불린다. 숙성 연수가 비슷한 레
벨의 다른 위스키에 비해서 훨씬 비싼 가격이 매겨져 있다. 아
마도 그들은 맛과 풍미 때문이라고 말하겠지만, 도대체 그 표
현은 어디에서 오는 것일까?

언제나 배운다

2018년 오월의 어느 날 오후, 나는 일찌감치 스페이사이드 지역 증류소 투어를 마치고 숙소로 돌아왔다. 마침 오전부터 봄비가 촉촉이 내려 무척이나 '스코틀랜드스러운' 운치 있는 날이었다. 그래서 오후에는 한가로이 책이라도 읽으려고 호텔 로비의 자그마한 서가에서 읽을 만한 책을 고르고 있었다. 작은 서가에는 먼지가 풀풀 날리는 가죽 장정 책들과 지나간 여행자들이 두고 간 페이퍼백이 어지럽게 뒤섞여 있었다. 그래서인지 마음에 드는 책을 발견하기가 쉽지 않았다.

바로 그때 왁자지껄 알아들을 수 없는 언어로 떠드는 덩치 큰 남자들이 로비로 들어섰다. 이번 여행 기간에 위스키를 무척 사랑하는 덩치 큰 독일 남자처럼 보이는 무리를 여러 증류소에서 맞닥뜨린 적이 있었다. 하지만 강한 억양의 이 언어는 분명히 독일어가 아니었다. 비를 맞아 축축해진 거구의 사내들이 시끌벅적 로비를 채우자 숨이 턱 막힐 지경이었다. 그들 중 한 명에게 어디에서 왔는지 물어보았다. 그들은 러시아인이고, 새로 준공된 맥캘란 증류소에 다녀오는 길이라고 한다. 맥캘란 증류소는 공식적으로는 완공되지 않았고 방문자센터도 아직 오픈하지 않았다. 하지만 그들은 그들의 에이전트를 통해서 비공식적으로 증류소를 투어했고, 맥캘란 위스키를 몇 병 구입해서 돌아오는 길이었다. 세상은 그렇다. 그곳이 어디든 어떤 상황이든 가고자 한다면 해결하지 못할 일은 없다. 하물며 여행지에서 돈을 쓰고 싶다고 덤벼드는 상황이라면 더 말할 나위 없다.

어쨌거나 맙소사! 나는 기껏 스페이사이드까지 와서 왜 맥캘란 증류소에 갈 생각조차 하지 않았을까? 아무리 증류소가 아직 준공되지 않았다고 하더라도 방문할 방법은 있었을 텐데, 아예 여행지 목록에서 완전히 제외한 채로 계획을 세웠던 것이다. 평생 영업을 해온 나는 또 이렇게 인생살이의 팁을 하나 더 배웠다. 말끔하게 새로 지어진 최첨단 호화 증류소를 보고 온 그들이 부러웠다. 그렇다고 이제 와서 맥캘란 투어 일정을 끼워넣을 수는 없었다. 호텔에서 맥캘란까지는 엎어지면 코 닿을 거리이지만, 이미 일정이 꽉 채워진 탓에 대단한 러시안 커넥션도 없는 내가 불확실한 일정에 베팅할 여유가 없었다. 아쉽지만 맥캘란 증류소 방문을 다음 기회로 미뤄야 했다. 나는 마음속으로 생각했다. '저 러시아 친구들은 제대로 가동되는 증류소를 투어하지 못했을 거야. 그 대신 먼지 풀풀 날리는 공사 현장에서 제대로 사진도 못 찍고 중국제 싸구려 기념품만 잔뜩 사 왔을 거야.' 내가 먹지 못하는 포도는 언제나 신 법이니까! 결국 맥캘란 증류소는 그 이듬해에 가게 되었다.

경주 왕릉과 맥캘란 증류소 구릉

나는 공교롭게도 국민학교(!), 중학교, 고등학교 세 번의 수학여행을 모두 경주로 갔다. 첨성대와 불국사 같은 경주의 랜드마크를 정확히 똑같은 설명을 들으며 세 번씩 구경했다. 점점 지겨워지던 나는 고등학교 수학여행 때 마침내 일탈을 감행했다. 당시에는 수학여행 온 학생들을 수용(?)하는 거대한 여관촌이 경주 곳곳에 있었다. 나는 몇몇 친구들과 몰래 숙소를 빠져나와 황남동 일대를 쏘다녔다. 그날 밤, 우리의 일탈을 구체적으로 이야기해줄 수는 없다. 다만 80년대 고등학생들이 즐겨 찾던 캡틴큐Captain Q(당시에는 '캪틴큐'라고 쓰여 있었다)와 관계가 있었다는 사실만 밝힌다. 그때가 아니라면 그런 치기 어린 행동을 언제 다시 해볼 수 있을까? 그날 밤, 달빛 아래 첨성대 주변에 봉긋하게 늘어선 경주 왕릉의 모습은 지금도 기억에 생생하다.

버나드 쇼는 '젊음은 젊은이에게 주기엔 너무 아깝다'고 말한다. 나도 정말 아깝게 젊음을 허비해버리긴 했지만, 그랬기에 그 젊음이 소중하다는 것을 더욱 느끼게 되었다. 정말 오랜 시간이 흐른 후에 인생을 돌아보니 그 시절이야말로 내 삶이 가장 빛나고 아름다운 때였다. 어차피 젊은이들은 그때의 나처럼 이런 말에 무감각할 터이니 괜한 말로 꼰대가 되고 싶지는 않다. 하나 더 덧붙이자면, 영국인은 프랑스를 부러워하며 "프랑스 땅은 프랑스인에게 주기엔 아깝다"고 말한다. 프랑스 땅의 가치를 오직 자신들만이 알아본다는 오만한 말로도 들리니 이것도 그냥 묻어두는 게 낫겠다.

여하튼 10대 시절 자신감은 넘치지만 아직은 여러모로 미숙했던 나에게 경주 왕릉은 한마디 툭 던지듯 다가왔었다. "정답은 바로 이런 것이야. 외유내강 봤지?" 수학여행으로부터 40년 가까이 지난 어느 여름날 오후에 나는 아벨라워의 맥캘란 증류소 앞에 섰다. 맥캘란 증류소는 젊은 시절의 내가 기억하는 곡선의 고분과 완벽하게 일치하는 미장센으로 지구 반대편에 서 있었다. 완만하고 둥근 곡선의 언덕이 이어지며 부드럽고 아늑하게만 보이지만, 그 속에 아주 단단하고 빛나는 무언가를 품고 있었다. 세계에서 가장 유명한 위스키를 만들어내는 증류소가 이처럼 유연하고 부드러울 수 있다니! 맥캘란 증류소는 가장 아름답고 빛나던 시절의 나를 갑작스레 소환해서 경주 왕릉과 똑같은 말을 건넸다. 나는 이 외유내강 증류소에 깊이 빠져들고 말았다.

한동안 할 말을 잃고 멈춰 서 있던 나는 어느 순간 미친 듯이 카메라 셔터를 누르기 시작했다. 증류소 주변 구릉을 올라가 잊을 수 없는 풍광을 사진으로 남겼다. 어느 한 부분이라도 놓치지 않고 모두 담아 가고 싶은 생각 때문이었다. 아마도 과거의 그때로 돌아가 나의 자화상에 걸맞은 배경을 열심히 찍었는지도 모를 일이다. 그만큼 맥캘란 증류소의 우아한 풍경은 상상 이상이었다.

증류소는 화재 위험이 많은 곳이라 지정된 견학 장소 외에는 엄격히 통제된다. 그런데 경주 왕릉의 데자뷰인 듯한 풍경에 취해 나도 모르게 방문자 동선을 이탈한 상태였다. 공교롭게 맥캘란 증류소는 준공된 지 얼마 되지 않아 보안 시스템이 제대로 작동하지 않은 듯했다. 나는 누구의 방해도 받지 않으며 무아지경으로 한참 사진을 찍으며 증류소 일대를 배회했다. 그런데 얼마 뒤, 증류소 경비원이 다가와서 어디서 온 누구이며 지금 뭘 하고 있는지 캐물었다. 경비원은 딱딱한 표정이었지만 나는 당황하지 않았다. 이곳은 위스키에 관한 대화로 누구든 친구가 될 수 있는 스코틀랜드가 아닌가. 내가 주위를 배회하며 사진을 찍는 이유를 대략 이야기해주었더니 경비원은 표정이 풀리며 무척 좋아한다. 앞으로 스코틀랜드의 더 깊은 곳까지 즐기기를 바란다면서, 외관은 충분히 봤으니 이제 내부를 투어해보라고 권한다. 나는 흔쾌히 고개를 끄덕이며 일정보다 한 시간 늦게 증류소 투어에 참가했다. 하지만 나는 이미 증류소 밖에서 그날 받을 감동의 90퍼센트를 써버린 터라, 전 세계에서 가장 많은 돈을 쓴 증류소의 최첨단 설비와 멋진 컬렉션을 봐도 무덤덤하기만 했다.

최고의 셰리 캐스크를 찾아가는 그들의 땀과 눈물을 보여준 영상도 훌륭했지만, 감흥이 살아나지 않았다. 엄청난 돈을 투자한 대단한 설비도 그 규모가 어마어마했지만, 내게는 그저 평범했다. 다만 한쪽 벽면을 가득 채운 맥캘란의 컬렉션은 제법 감동적이었다. 나는 내 Birth Vintage 위스키를 찾아서 눈요기만 한 다음 증류소 안에 마련된 위스키 바로 들어갔다.

멋진 소파에 몸을 파묻고 맥캘란을 한잔하면서, 나는 증류소 반대편 언덕에서 마주한 신라 왕릉의 기억을 되새겼다.

의사 결정과 타이밍

사실 나는 이전까지 맥캘란에 대한 이미지가 그리 호의적이지 않았다. 각 잡히고 떡 벌어진 어깨 같은 병 모양도 그렇고, '셰리 폭탄'이라는 별명답게 강하고 진한 맛도 너무 남성성이 풍겨나오는 느낌이었다. 그야말로 외강내강이었다. 하지만 맥캘란 증류소 앞에서 내가 얼마나 선입관에 사로잡혀 있는지 깨달았다. 맥캘란은 또 다른 모습으로 내게 다가왔다.

세계적으로 위스키 붐이 일던 초기, 맥캘란은 생산 공장을 새롭게 짓고 더 나은 미래를 대비하기로 결정한다. 맥캘란은 최첨단 설비를 갖추면서도 과거 유산을 고스란히 승계했다. 과거의 가치와 미래의 비전이 조화를 이루며 변신에 성공한 것이다. 이 적시의 의사 결정은 돌이켜보면 대단한 혜안이었다. 당장의 수익을 포기하고 더 큰 미래를 준비하려는 시도는, 그 시기와 방향을 잡기가 대단히 어렵지만, 성공한다면 커다란 물결에 올라탈 수 있다. 인생이든 사랑이든 사업이든 중요한 건 역시나 타이밍이다. 그 타이밍을 놓치지 말고 현재를 즐기자. Carpe Diem!

블렌디드 위스키
Blended Whisky

◊

싱글 몰트 위스키라는 도그마에 빠질 필요는 없다. 세상은 넓고 경험해봐야 할 위스키는 많다. 그중에는 오해의 늪에 빠진 블렌디드 위스키도 있으며, 그보다 더한 흑역사를 가진 럼rum과 진gin도 있있다. 북극의 찬 공기를 그대로 얼린 듯한 보드카vodka, 치열한 위스키 각축전 사이에 꽃처럼 피어난 화려한 칵테일, 그리고 모든 위스키의 원조인 아이리시도 빠뜨릴 수 없다. 앞으로 다가올 위스키의 미래가 어떤 모습일지는 아무도 모른다. 어쩌면 그 미래가 이미 우리 앞에 도달해 있는데, 그걸 느끼지 못하는 것일 수도 있다. 그러니 좀 더 찬찬히 우리 곁의 소중한 위스키를 하나씩 눈에 담아두자. 미래는 곧 현재가 되니까. 이제 얼마 남지 않았다.

여왕을 향한 축포, 로얄 살루트
Royal Salute

예포 124발에 깃든 사연

영국 국왕 찰스 3세의 모후인 고 엘리자베스 2세는 최장기간 영국을 통치한 국왕으로 기록되었다. 지난 2022년 6월에는 엘리자베스 2세 즉위 70주년 기념식인 플래티넘 주빌리가 성대하게 거행되었고, 62발의 예포가 발사되었다. 마침 여왕의 공식 생일인 6월 첫 번째 토요일이 겹쳐서 또다시 62발의 예포가 발사되었다. 이날 총 124발의 예포가 발사되는 진귀한 장면이 연출되었다. 왕이나 대통령 같은 국가원수에 대한 의전 예포가 보통 21발인 것을 감안하면, 아마도 예포 역사에서 가장 많은 발사 횟수일 것이다.

스코틀랜드에서 가장 아름다운 증류소로 손꼽히는
스트라스아일라Strathisla 위스키 증류소. 동양풍의 훈연 첨탑이 아름답다.

영국 왕실에서는 군주의 실제 생일 외에 별도로 공식 생일을 정하여 기념식을 연다. 그렇다면 엘리자베스 2세의 실제 생일은 언제일까? 1999년, 엘리자베스 2세가 우리나라를 방한했다. 이때 안동을 방문했는데, 마침 이날이 실제 생일인 4월 21일이라 여왕은 흐뭇한 표정을 지으며 한국 전통 음식으로 차려진 생일상을 받고 안동소주로 건배를 하기도 했다.

영국에서는 대관식 등 중요한 왕실 의전이 있을 때 런던 타워에서 예포 62발을 쏘아 기념한다. 왕(여왕)을 위한 의전 예포 21발, 왕실을 상징하는 예포 20발, 여기에 런던 시민을 의미하는 예포 21발을 합하여 총 62발이 된 것이다. 이 예포를 '62 Gun Salute'라고 한다.

예포의 유래는 여러 가지가 있지만, 영국 해군에서 시작했다는 이야기가 정설로 받아들여진다. 과거 영국 군함에 실린 대포는 7문이었다. 군함은 항구로 입항할 때 대포 7발을 모두 허공에 발사했다. 과거에는 한 번 대포를 쏘면 함포를 재장전하는 데 많은 시간이 소요됐다. 그러니까 더 이상 포탄이 장전되지 않은 비무장 상태임을 육지에 알린 것이다. 군함이 전투 의지가 없음을 확인한 육지에서는 세 배 많은 21발을 쏘아서 군함을 환영했다. 영국 해군의 이 관행이 그대로 전해져 의전 행사를 열 때 예포 21발을 쏘게 되었다고 한다. 예포는 영어로 캐논 살루트, 왕을 의전하는 예포는 로열 살루트, 대통령을 의전하는 예포는 프레지덴셜 살루트라 부른다.

현대의 국가적·국제적 격식과 의전은 19세기 오스트리아 외교관 메테르니히가 주도한 빈Wien회의를 계기로 유럽 전역으로 퍼져나갔다. 이를 바탕으로 해군이 주력인 영국에서는 해상 의전이 다양하게 생겨났다. 대육군(그랑 아미)을 주창한 나폴레옹 이래로 육군이 강한 프랑스나 프로이센에는 육군에서 비롯된 의전이 많다. 예를 들어, 상대국 수장이 자기 나라를 방문하면 위압감을 주어서 콧대를 꺾을 목적으로 자국 의장대를 사열하게 하는 식이다. 그래서 국가원수 의장대 사열은 또 하나의 전쟁이다. 결코 고개를 숙이거나 약해 보이면 안 된다.

엘리자베스 2세 여왕은 부왕인 조지 6세가 갑자기 서거하는 바람에 1952년 스물다섯 세 어린 나이에 즉위했다. 주류

회사인 시바스 브라더스는 엘리자베스 2세 대관식을 기념하기 위해서 21년 이상 숙성된 최상의 원액을 엄선해서 그들만의 환상적인 블렌딩 기법으로 '로얄 살루트 21년Royal Salute 21 Years Old'이라는 위스키를 만들었다. 사실 고숙성 위스키라는 개념은 최근에 나온 것으로, 그 시절에는 아주 예외적인 경우를 제외하고는 고숙성 원액 자체의 수요가 거의 없었다. 로얄 살루트 21년의 도자기 병은 그 시대 함포를 본뜬 모양에 전통 문양이 수공으로 새겨져 있었다. 또한 도자기 병은 녹색, 자주, 파랑으로 만들어졌으며, 각각 세 가지 색 천 주머니에 넣어져 출시되었다. 그래서 호사가들은 색깔별로 맛이 다르다더라, 어떤 색깔 병의 위스키가 맛있다더라 하는 말들을 만들어냈다. 하지만 사실 이 세 가지 색깔은 영국 여왕이 대관식 때 쓴 성 에드워드 왕관에 박혀 있는 루비, 에메랄드, 사파이어를 상징한다. 각 병은 색깔만 다를 뿐 맛에서는 아무런 차이가 없다. 최근에는 비용 절감을 위해서인지 도자기 병이 한 가지로만 나오고 삼색 주머니도 더 이상은 없다. 정말 경영 효율화와 합리화 때문에 그 시대의 멋을 포기한 것일까? 시바스 브라더스사에서는 폴로 에디션Polo Edition, 몰트 에디션Malt Edition 등 다양한 수요에 어필하기 위해 여러 가지 라인업을 쌓아가고 있다. 그들의 고민과 노력은 충분히 수긍할 만하고 격려를 보낼 만하다. 하지만 로얄 살루트 21년을 아꼈던 한 사람으로, 세 가지 색깔 위스키를 고를 수 없다는 점은 조금 아쉽다.

62 Gun Salute에는 62년 원액이 들어 있을까

시바스 리갈Chivas Regal은 시바스 브라더스사에서 생산하는 또 다른 대표 위스키이다. 혹자는 시바스 리갈이 로얄 살루트의 하위 호환 제품이라고 낮추어 평가한다. 시바스 리갈이 들으면 억울해할 일이다. 시바스 리갈은 어엿하게 영국 왕실에 납품했던 제품이다. 제품 이름에 왕실을 의미하는 Regal이 붙어 있는 게 그 명백한 증거이다. 사실 시바스 브라더스사에서 여왕 대관식을 기념하여 로얄 살루트 21년을 만든 이유도 시바스 리갈과 왕실이 맺은 인연 때문이다.

이후 엘리자베스 2세 여왕은 역사상 유례없는 장기 통치를 이어갔고, 시바스 브라더스사는 계속해서 로얄 살루트를 25년, 32년, 38년, 50년, 52년까지 만들어냈다. 또 앞서 이야기한 즉위 60주년 기념 다이아몬드 주빌리 때는 62발 예포를 상징하는 62 건 살루트62 Gun Salute를 출시했다. 그런데 62 건 살루트를 만들 때 시바스 브라더스사는 깊은 고민에 빠졌다. 60년 넘는 고숙성 원액이 부족해서 그것만으로는 제품을 만들 수 없었던 것이다. 결국 62 건 살루트는 40년 이상 고숙성 원액들이 섞여 만들어졌다. 즉 52년 숙성 로얄 살루트까지가 이름에 붙은 숫자의 햇수만큼 숙성한 원액을 사용한 마지막 제품이다. 70주년 플래티넘 주빌리를 기념할 새로운 로얄 살루트가 나오지 않은 것으로 시바스 브라더스사의 깊은 고민을 엿볼 수 있다.

유리병이 보편화되지 않았을 때,
오크통에서 꺼낸 위스키를 운반하고 보관하는 데 쓰인
도자기 항아리.

스페이사이드의 멋진 하루를 만들어준 가이드 데렉.
영국 정부에서 Keepers of the Quaich 칭호를 부여받은
위스키 구루이다.

영국의 위스키 관련 법률은 여러 원액들이 포함된 위스키는 그중 숙성 연수가 가장 낮은 원액을 기준으로 표기하도록 정했다. 아니면 아예 숙성 연수를 표기하지 않을 수도 있다. 조니 워커 블루Johnnie Walker Blue는 제조 과정에서 고숙성 원액이 주로 쓰이지만, 독특한 맛을 표현하기 위해 일부 단기 숙성 원액을 포함한다. 그래서 조니 워커 블루는 숙성 연수를 표기하지 않는다. 62 건 살루트에도 마찬가지로 40년 이상된 고숙성 원액이 많이 들어갔지만 단기 숙성 원액이 몇 방울 섞였기 때문에 숙성 연수를 표기하지 않았다.

시바스 브라더스사는 2023년에 찰스 3세의 대관식 기념 에디션을 5백 병 제작했다고 한다. 찰스 3세가 워낙 고령으로 즉위했기에 그가 백 세까지 장수하더라도 재위 기간은 30년이 안 되니 로얄 살루트는 30년 미만 숙성 원액을 쓰면 된다. 시바스 브라더스사도 한숨 돌릴 것 같아 슬며시 웃음이 나온다. God, save the king!

참고로, 70년 이상 재임한 전 세계 3대 플래티넘 주빌리는 엘리자베스 2세, 프랑스의 루이 14세, 태국의 푸미폰 국왕이다. 세 국왕은 오랜 통치 기간에 굵직한 업적을 남겼다. 위대한 국왕이라면 장수하는 것도 마땅히 갖추어야 할 덕목 가운데 하나임은 분명하다.

재료 맛집과 레시피 맛집

시바스 리갈은 우리나라 현대 정치사와도 인연이 깊다. 궁정동 10·26사건 전모에서 드러난 대로 시바스 리갈(사실은 로얄 살루트)은 박정희 대통령이 좋아했던 술이다. 딱히 기호가 있어서라기보다는 그 시절 구할 수 있는 양주가 매우 한정적이었기 때문일 것이다.

시바스 리갈과 로얄 살루트는 모두 블렌디드 위스키로서, 비유하자면 그레인grain 위스키라는 캔버스에 몇 가지 싱글 몰트 물감으로 그려낸 작품이다. 최근 싱글 몰트 위스키가 붐을 일으키면서, 블렌디드 위스키가 상대적으로 근거 없이 폄하되는 분위기다. 싱글 몰트 위스키가 개성 있는 재료의 맛으로 승부하는 맛집이라면, 블렌디드 위스키는 다양한 재료의 특성을 뽑아내서 조리한 일류 레스토랑 음식이다. 두 카테고리는 특장점이 다르기에 개인 취향에 따라 무엇이든 선택할 수 있다. 모든 위스키는 우열이 있지 않고 온전히 이를 받아들이는 사람의 기호에 따라 그 가치가 정해진다. 따라서 많은 경험을 통해서 알아갈수록 자기에게 맞는 위스키를 찾을 수 있다.

시바스 리갈과 로얄 살루트에 들어가는 기주는 스트라스아일라Strathisla 위스키이다. 스트라스아일라는 우리 세대가 즐겨 마신 양주 패스포트Passport에도 기주로 쓰여서 꽤 친숙한 맛이 난다. 상큼한 꽃향기가 나지만, 그 뒤를 따라 쿰쿰한 오크향도 느껴진다. 복잡미묘한 맛은 뭐라 한마디로 표현할 수 없을 정도다.

　　나는 스페이사이드를 처음 여행하던 기간에 스트라스아일라 증류소를 방문했다. 당시 여행 일정상 증류소를 열 군데 정도밖에 들를 수 없었다. 말하자면, 내가 가장 가보고 싶은 증류소 탑 10 리스트를 만들어야 했다. 스트라스아일라 증류소는 일반적으로 널리 알려지지 않았지만, 나는 망설임 없이 리스트에 올렸다. 로얄 살루트와 시바스 리갈 이야기가 흥미롭기도 했고, 끊임없이 혁신을 모색하는 그들의 모습이 왠지 관심을 끌었기 때문이다. 최근 싱글 몰트 위스키가 붐을 일으키면서 시바스 리갈과 로얄 살루트는 자칫 고루한 제품으로 낙인찍혀 과거의 높은 위상이 바닥으로 떨어질 수도 있었다. 하지만 그들은 이미지를 쇄신하고 새로운 제품을 출시하면서 꿋꿋이 제자리를 지켜내고 있다. 일종의 동지애랄까, 나는 지긋하게 나이를 먹은 또래 친구를 응원하는 마음으로 스트라스아일라 문을 두드렸다.

　　스페이사이드에는 글렌 그란트, 맥캘란, 발베니처럼 아름다운 증류소가 많지만, 스트라스아일라 증류소 풍광은 단연 최고다. 스코틀랜드를 통틀어서도 가장 아름다운 증류소로 꼽힌다. 오랜 역사를 고스란히 간직한 고전적인 증류소 건물과 아기자기하게 가꾸어진 주변 조경은 한 번 보면 머릿속에 각인될 만큼 아름답다. 한없이 부드러운 듯하지만, 그 사이사이에 묵직한 한 방을 스타카토로 표현하는 스트라스아일라 위스키와 무척 닮았다.

스페이사이드를 처음 방문했을 때 좀 더 심도 있게 그 역사와 노력을 자세히 살펴보기 위해 개인 가이드를 하루 고용했다. 사실 이 지역은 교통편이 마땅치 않아 택시로 다닌다면 택시비가 엄청나게 든다. 그러느니 차라리 택시비에 약간의 수고료를 더해 하루 동안의 사치를 가성비 있게 누려보기로 했다. 엘긴역에서 만난 데렉은 초면임에도 낯설지 않았고 다른 스코틀랜드인과는 좀 다른 진중한 성격이었다. 덕분에 짧은 시간에 효율적으로 움직이며 많은 것을 보고 배울 수 있었는데, 이 경험은 후에 혼자서 버스를 타고 다니며 증류소 투어를 하는 데 큰 도움이 되었다. 데렉은 고든앤맥페일이라는 유명한 위스키 회사의 임원 출신으로, 영국 정부로부터 Keepers of the Quaich(위스키 산업의 발전에 기여한 사람에게 수여하는 칭호)으로 인정받을 정도로 평생을 위스키 산업에 헌신해왔으며, 한국에도 한 번 온 적이 있다고 한다. 은퇴 후에 본인의 경험을 살려 이 일을 시작했단다. 평생을 공부해온 위스키에 대한 해박한 지식과 친절한 가이드로 많은 정보를 전해주면서도, 중간중간 뜬금없는 아재 농담을 던져 뜻밖의 웃음을 선사해주었다. 그의 아재 개그를 듣고 있자니 문득 유쾌하고 사람 좋은 아일라섬의 짐 맥켈만이 생각났다. 짐, 보고 있나? 내년엔 꼭 다시 한번 아일라에서 만나보자고!

칵테일의 왕, 마티니
Cocktail Martini

수천수만 마티니

마티니martini는 칵테일의 왕이다. 특히 멋을 아는 신사의 칵테일이다. 마티니는 셀 수 없을 만큼 종류가 많다. 아마도 세계의 칵테일 바와 신사의 숫자만큼이나 다양할 것이다. 마티니는 기본적으로 진을 베이스로 삼고 리큐르liqueur인 버무스(베르무트)vermouth를 2 대 1, 또는 3 대 1 비율로 첨가해서 만드는 칵테일이다. 이를 바탕으로 사람마다 선호하는 스타일에 따라 갖가지 재료를 수만 가지 비율로 첨가한다. 저 유명한 '007 시리즈' 영화에서 제임스 본드는 멋진 목소리로 바텐더에게 주문한다. "Vodka martini. Shaken, not stirred." 해석해보자면,

"진보다 강력한 보드카로 마티니 칵테일 한잔 만들어줘. 그리고 깨작깨작 젓지 말고 시원하게 흔들어서 말아줘!"라는 뜻이다. 상남자 냄새가 물씬 풍긴다.

이 마티니가 미국으로 건너가서 버번을 베이스로 삼으면서, 그 시절 추억 가득한 칵테일 맨하탄Manhattan이 되었다. 맨해튼 트라이베카의 어두운 조명이 켜진 바에서 맨하탄 한잔 기울이는 모습을 상상해보자. 런던 사보이호텔 아메리칸 바에서 즐기는 마티니 못지않게 근사한 맛을 선사할 것이다. 하지만 금주법 시대에 주말마다 미국 롱아일랜드나 뉴헤이븐의 대

저택에서 열리는 상류사회의 파티에는 맨하탄보다는 역시 마티니가 어울린다. 벨 에포크 시대의 멋과 즐거움을 떠올리는 데는 마티니가 제격이다.

칵테일의 제왕 마티니는 다양하게 변주된다. 마티니에 첨가하는 버무스 비율을 줄이면 단맛이 덜한 드라이 마티니가 된다. 만약 바에서 버무스를 극단적으로 줄인 엑스트라 드라이 마티니를 주문한다면, 잔에 버무스를 살짝 따른 다음 버리고 거기에 진을 따라서 주기도 한다. 심지어 그보다 더 극단적인 드라이 마티니도 있다. 이 마티니를 만나려면 2차 세계대전 중에 영국 수상을 지낸 윈스턴 처칠의 발자취를 따라가 보아야 한다.

Keep Calm and Carry On

윈스턴 처칠은 말보로 공작 가문 출신이었다. 말보로 공작 가문은 영국 최고위 귀족으로, 저택을 '궁'으로 부를 수 있는 몇 안 되는 가문이었다. 처칠은 가문의 계승자로 낙점받았으나 조카손자가 태어나는 바람에 계승 순위에서 밀려났다. 그가 만약 순탄하게 말보로 공작 작위를 계승했다면 실권 없는 당연직 상원의원이 되었을 것이다. 그랬더라면 적어도 우리가 알고 있는 2차 세계대전 시기 영국을 강력하게 이끌던 영국 수상 처칠은 없었을 것이다.

2차 세계대전 중, 처칠의 명연설과 강철 같은 의지는 영국인과 세계인을 감동시켰고 전쟁을 승리로 이끄는 데 큰 영향을 미쳤다. 전쟁 이후 엘리자베스 2세는 2차 세계대전을 승리로 이끈 그의 공적을 인정하여 다른 공작 작위를 하사하려 했다. 그러나 여전히 정치인으로서 열망이 컸던 그는 끝까지 이를 사양했다.

한편, 윈스턴 처칠은 2차 세계대전 이후 내심 노벨평화상을 받기를 원했다. 그런데 엉뚱하게도 전쟁 회고록《제2차 세계대전》으로 노벨문학상을 수상했다. 이 시기 노벨평화상은 '마셜 플랜'으로 전후 유럽을 재건하는 데 크게 기여한 미국 국무장관 조지 마셜에게 돌아갔다. 그 여파로 처칠에게 노벨문학상이 수여된 것이다.

조금 다른 이야기이지만, 노벨평화상은 스웨덴에서 수상자를 결정하는 다른 노벨상과는 달리 이웃 국가인 노르웨이 노벨위원회에서 결정한다. 알프레드 노벨은 노르웨이에 대한 배려와 협력의 마음을 담아 이렇게 조치했다고 한다.

처칠은, 본인 주장에 따르면, 평생 시가를 30만 개비쯤 피웠다고 한다. 좀 과장이 섞여 있겠지만, 어쨌거나 처칠은 마티니도 그만큼 마셨을 것이다. 그만큼 처칠은 이름난 시가와 마티니 마니아였다. 문제는 전시에는 둘 다 구하기 쉽지 않은 기호품이라는 점이다. 처칠이 피우던 쿠바산 시가는 좀 어려움이 있더라도 대서양을 통해 수입해서 그럭저럭 해결할 수 있었다. 문제는 마티니였다. 앞서 이야기했듯이, 마티니에 꼭 들어가는 드라이 버무스는 화이트 와인으로 만드는 리큐르이다. 화이트 와인으로 만드는 버무스는 당시 독일에 점령당한 프랑스와 이탈리아에서 생산되었다. 하늘의 별 따기만큼 어려웠던 버무스 구하기. 처칠은 이 난제를 어떻게 해결했을까? 처칠은 술잔에 진을 따른 다음 상상 속으로 프렌치 버무스를 첨가해서 마티니를 만들었다. 이름하여 처칠 마티니Churchil Martini이다. 오늘날 처칠 마티니를 마시는 방법은 간단하다. 역삼각형 마티니 잔에 드라이 진을 가득 따라 마시면서 버무스를 상상하면 된다. 또는 우리나라 자린고비 이야기처럼 버무스 병을 한 번 보고 진을 한 잔 마시는 방법도 있다. 조금 더 로맨틱한 처칠 마티니를 원한다면, 버무스를 한 잔 마신 옆 사람이 나지막이 사랑을 속삭일 때 마셔보시라. 마티니 애호가라면 꼭 한번 시도해보기를 권한다.

처칠 마티니는 영국인 특유의 근검정신에 더하여, 호들 갑 떨지 않고 없으면 없는 대로 Carry on하는 태도를 보여준다. 영국 정부에서는 2차 세계대전 때 'Keep Calm and Carry On'이라는 포스터를 만들어 배포했다. 전쟁이라고 호들갑 떨지 말고 제 할 일을 묵묵히 하라는 뜻이다. 이 구호는 수많은 패러디를 양산했고, 영국 관광지와 공항에서 판매하는 많은 기념품에도 새겨져 있다. 영국인의 Keep Calm and Carry On 정신은 현대에도 이어지고 있다. 지난 코로나 팬데믹 봉쇄 시기에 수많은 영국인은 저녁 8시가 되면 일제히 박수를 치고 소리 높여 서로를 응원했다. 또한 그 당시 영국의 많은 증류소와 양조장에서는 술 생산을 중단하고 대신 생산된 에탄올을 손 소독제용으로 전환하여 공동체에 기여했다. 또한 어떤 맥주회사에서는 'One on Us(우리가 한잔 살게)' 캠페인을 벌였다. 맥주 기부를 원하는 사람들과 영국 국영의료서비스(National Health Services, NHS) 직원들을 연계하여, 기부액 6파운드당 NHS 직원 한 명에게 맥주를 한 잔씩 제공한 것이다. 이런 위트 있는 캠페인은 최전선에서 코로나와 싸우는 NHS 직원들에게 큰 힘을 북돋워주었다.

2차 세계대전 때 만들어진 Keep Calm and Carry On 포스터 상단에는 영국 주권의 상징인 튜더 크라운이 그려져 있다. 그 튜더 크라운 아래에서 처칠은 자신만의 마티니를 호들갑 떨지 않고 묵묵히 즐겼을 것이다. 나는 나만의 드라이 마티니를 만들 것이니, 당신은 무엇으로 당신만의 마티니를 만들지 고민해보시라.

5파운드 지폐 속 처칠은 잔뜩 찌푸린 표정을 짓고 있다. 이 사진은 처칠의 캐릭터를 잘 보여주는 대표적인 사진으로 알려져 있다. 2차 세계대전 당시 사진사는 카리스마 넘치는 수상의 사진을 찍으려 했다. 하지만 그날따라 작품이 잘 찍히지도 않는데, 처칠마저 촬영에 잘 협조해주지 않았다고 한다. 열받은 사진사는 처칠에게 다가가서 한시도 입가를 떠나지 않던 시가를 확 빼앗아버렸다. 그러자 처칠은 불만에 가득 찬 표정을 지었고, 사진사는 그 순간을 멋지게 포착해냈다. 며칠 뒤, 처칠은 다시 프로필 사진을 찍기 위해 사진사 앞에 섰다. 그날따라 처칠은 기분이 좋았고, 환하게 웃는 얼굴로 사진을 찍었다. 처칠은 이 사진에 무척 만족했다고 한다. 하지만 사람들은 찡그린 사진이 처칠답다며 더 좋아했다. 결국 처칠을 대표하는 사진이 되어 5파운드 지폐에 인쇄되기까지 이르렀다. 처칠의 기대와 다르게 찌푸린 얼굴을 온 국민에게 매일 들이미는 셈이니, 의도한 대로 흘러가지 않는 게 인생사이다. C'est la vie!

KAL 마티니

꽤 오래전, 지금은 거의 다 퇴역한 A380 여객기가 국적기로 처음 도입되었을 때였다. 항공사는 기내에서 제대로 된 칵테일 서비스를 제공한다고 떠들썩하게 광고를 해서 나도 미국 출장길에 마티니 한 잔을 부탁했다. 기내에 따로 전문 바텐더가 있는 게 아니라 승무원이 칵테일 레시피를 배워 간단한 몇 가지 칵테일을 제공하는 시스템이었다. 그런데 이 '효율적인' 시스템은 주문을 수행하는 과정에서 오류를 일으키고 말았다.

대형 마트에 가면 대문자로 큼직하게 MARTINI라는 라벨이 붙은 술이 진열돼 있다. 이 제품은 마티니가 아니라 마티니에 필수로 들어가는 버무스이다. 그 승무원은 마티니를 주문한 나에게 그 버무스를 인심 좋게 콸콸 따라주었다. 놀란 내가, "이게 마티니가 맞나요?" 하고 묻자, 승무원은 싱긋 미소를 지

마티니의 또 다른 주인공. 진을 현대적인 감각으로
새롭게 해석해서 만들고 있는 이스트 런던 진 증류소. 전통적인 런던 드라이 진부터
크래프트craft 진까지 다양한 진을 만들고 있다.

으며 자신 있게 병을 보여주었다. 항공사에서는 분명히 칵테일
교육을 시켰을 텐데, 아마도 이 승무원은 그 교육 시간을 빼먹
었던 모양이다. 뭐, 버무스도 어차피 주정 강화 와인이고 아페
리티프apéritif(식전주)이니 나는 두말없이 유쾌한 그녀만의 마
티니를 맛있게 마셨다. 이건 처칠 마티니와 반대로 진을 상상
하며 마시는 'KAL 마티니'라고 해야 하나? 아무튼 새로운 마티
니를 발명한 그녀에게 Cheers!

서양 근대사의 숨은 주역, 럼과 진
Rum and Gin

넬슨의 피

런던에는 나폴레옹과 연관된 특별한 명소 두 곳이 있다. 첫 번째는 트라팔가르해전에서 승리하여 나폴레옹을 몰락의 길로 밀어낸 넬슨의 기념비가 있는 트래펄가광장이다. 또 하나는 엘바섬에서 탈출한 나폴레옹을 워털루전투에서 끝장낸 웰링턴 장군을 기념하는 워털루다리와 바로 옆 워털루역이다. 영국은 한때 워털루역을 프랑스 파리 북역으로 연결되는 유로스타의 출발지로 삼았다(지금은 세인트 판크라스역에서 출발한다). 하필이면 워털루역이라니! 나폴레옹(프랑스)에 대한 영국인의 애증이 어느 정도인지 짐작이 간다. 그들의 치기에 슬며시 웃음

이스트 런던 주류회사 증류소는 대량 생산을 위한
연속식 증류기와 다품종 소량 생산을 위한 알렘빅 증류기
이 두 가지를 결합하여 다양한 진을 만들고 있다.

이 난다.

　　시대와 국가를 불문하고 이런 자존심 싸움은 끝이 없다. 에든버러 시내에는 스코틀랜드 대문호 월터 스콧을 기념하는 스콧 기념탑이 있다. 그런데 뜬금없이 트래펄가광장의 넬슨 상보다 5미터 높게 만들었다고 한다. 왜 월터 스콧의 경쟁 상대로 넬슨을 정했는지, 머나먼 동양에서 온 여행자는 도무지 이해할 수 없다. 하기는 남의 나라를 흉볼 처지가 아니다. 지난 80년대에 아시아 최고층 빌딩은 도쿄의 '선샤인 60'이었는데, 이름에서 알 수 있듯이 60층 건물이었다. 우리나라 군사독재 정권은 이걸 이겨보겠다고 여의도에 기어이 63빌딩을 세웠다.

트라팔가르해전에서 영국 해군을 이끈 넬슨은 몸을 사리지 않고 전투를 지휘했으며, 결국 그 전장에서 전사했다. 훗날 사람들은 정치적 어려움에 빠져 있던 넬슨이 의도적으로 죽음을 맞이했을 수도 있다고 평가하기도 한다. 영국 해군은 전투에서 죽으면 지위 고하를 막론하고 바다에 수장하는 게 관례였다. 예를 들어, 프랜시스 드레이크는 칼레해전에서 스페인 무적함대를 무찌른 영웅이었지만, 카리브해에 수장되었다. 어쩌면 드레이크가 해적 출신에서 영국 해군 지휘관 자리에 오른 인물이라서 대우를 소홀히 했을 수도 있다. 어쨌거나 영국 해군은 죽은 이를 수장하는 장례 문화를 줄곧 지켜왔다. 하지만 역사에 길이 남을 승리를 이끈 넬슨은 예외였다. 영국 해군은 넬슨 시신을 런던까지 운송하기로 결정한다. 그들은 시신의 부패를 막기 위해 럼rum주를 부어서 관을 채운 다음 밀봉해서 런던까지 운반했다. 그런데 런던에 도착해서 관뚜껑을 열어보니 럼이 보이지 않았다. 넬슨을 존경하는 부하들이 항해 중에 그럼을 조금씩 마셨기 때문이라는 속설도 있지만, 그보다는 럼이 시신에 흡수되었을 가능성이 크다.

이때부터 영국 해군은 럼을 넬슨의 피Nelson's Blood라고 부른다. 또 1970년대까지도 수병들에게 매일 럼주를 한 컵

씩 배급하는 전통이 있었다. 럼주에는 괴혈병을 예방하기 위해 라임 즙을 타서 주었다. 독한 럼주를 매일같이 마신 선원들은 취해서 비틀거리곤 했다. 당시 해군 제독 그로그Grog의 이름을 따서 술에 취한 상태를 그로기groggy라고 부르게 되었다. 군대에서는 정량 배급을 생명처럼 중요하게 여긴다. 그래서 선박 보급 장교를 뜻하는 단어 Pusser를 넣어 Pusser's Rum이라고 부르기도 한다.

전쟁과 술

독특한 광고를 통해 우리 세대에 친숙한 양주 캡틴큐는 럼으로 알려져 있지만, 사실 럼 원액은 20퍼센트 미만이 들어갔을 뿐이다. 그나마 최근에 나온 제품은 아예 럼 원액이 한 방울도 들어 있지 않다. 캡틴큐는 그 독특한 광고에서 럼의 중요한 소비자가 해적이었음을 잘 보여주었다. 당시 유럽-아프리카-카리브해를 잇는 삼각무역으로 인해 럼은 어두운 전성기를 맞이했고, 해적 또한 삼각무역의 중요한 당사자가 되었다. 아프리카의 노예와 카리브해의 사탕수수로 만든 설탕과 럼, 그리고 유럽의 공산품을 교환하는 삼각무역은 노예제의 종말과 함께 막을 내렸다. 하지만 현대에 칵테일의 중심으로 다시 부활한 럼은 제2의 전성기를 맞이하고 있다.

과거에는 많은 나라들이 전쟁에 출정하는 군인들의 용

기를 북돋우기 위해 자국 고유의 술을 보급하는 경우가 많았다. 러시아도 제정시대에는 보드카를 배급했고, 프랑스나 이탈리아 등 유럽은 당연히 와인이 보급품에 들어갔다. 심지어 현대 이탈리아군은 전투식량에도 소량의 리큐르가 아페리티프로 들어간다.

　하지만 국방비로 1천조 원을 쓴다고 해서 천조국으로 불리우는 미국은 좀 엉뚱하다. 그들의 군대 사기 증진을 위한 보급품은 술이 아니라 초콜릿·아이스크림·껌·비스킷 같은 간식들인데 특히 아이스크림에 대한 그들의 사랑은 2차 세계대전 당시 바지선 위에 아이스크림 공장을 만들어 전선에 투입한 것으로도 유명하다. 뭐, 따지자면 모든 것을 다 가진 그들 입장에서는 술이라는 하드파워보다는 아이스크림으로 상징되는 소프트파워로 전투력을 높이는 것이 당연하지 않을까. 그들은 남북전쟁 때부터 유제품의 가치를 알아보고 보관과 운송에 편리한 연유를 탄생시켰고, 20세기에 들어서는 아이스크림까지 보급하는 콜드 체인 군수 체계를 확립할 정도이니 나머지 지원 체계는 말할 것도 없다. 남북전쟁 당시 남군이 북군의 보급 열차를 털어서 허기를 채울 때, 전쟁의 승패는 이미 결정된 것이나 다름없었다.

대영제국과 진 토닉

말라리아 예방 및 치료에 쓰이는 클로로퀸은 키나나무에서 나오는 퀴닌이 그 원형이다. 우리나라에는 개화기 때 학질(말라리아) 치료제로 들어왔고, 한자로 음역하여 금계랍이라고 불렀다. 몇 해 전 소천한 이어령 교수가 쓴 글을 본 적이 있다. 막내라서 유난히 자신에게 집착하는 이 교수에게서 젖을 떼기 위해, 어머니는 젖꼭지에 금계랍을 발랐다고 한다. 그만큼 금계랍은 쓴 약의 대명사로 알려졌다. 이어령 교수는 이 글에서 우리가 성장한다는 것은 어머니로부터 조금씩 떨어져나가는 의식儀式이라고 표현한다. 그러면서 어린 시절 맛본 그 쓰디쓴 금계랍이 어떤 달콤한 과자보다 어머니의 추억으로 온전히 기억에 남아 있다고 했다.

바로 이 퀴닌이 진과 큰 관련이 있다. 대영제국의 최전성기에 영국은 해가 지지 않는 나라로 불리며 전 세계 육지의 4분의 1을 점유했었다. 하지만 그중 많은 곳이 열대기후라 말라리아 위험에 고스란히 노출되었다. 퀴닌은 엄청나게 쓴맛이지만 제국의 존망을 위협하는 말라리아 예방과 치료에 탁월한 효과가 있었다. 그래서 대영제국은 탄산수에 퀴닌을 녹여 만든 토닉 워터Tonic Water를 제국 전체에 보급했다. 대개 모든 군대 배급품은 배급 이후 새로운 용도나 사용법이 개발되기 마련이라, 당시 식민지에 진출한 영국인들은 그냥 마시기엔 너무 쓴 이 토닉 워터를 진과 섞어서 마셨다. 말라리아도 예방하고 기분도 끌어올려 준 이 진 토닉Gin & Tonic은 전성기의 대영제국을 지탱해준 중요한 원동력 중 하나였다. 한국에서도 토닉 워터가 생산되지만, 퀴닌 성분이 일종의 마약 성분으로 분류되어 퀴닌 향만 내는 제품이 출시되고 있으니 좀 섭섭하다.

드라이 진이 아닌 이스트 런던 진

런던 중심부에는 각종 먹거리와 전통 상품을 파는 곳으로 유명한 버로우 마켓이 있다. 우리나라의 재래시장과 아주 흡사하다. 드립 커피와 싱싱한 굴, 과일과 채소, 육류와 치즈, 그리고 화려한 색감의 이름 모를 먹거리를 구경하다 보면 침샘이 폭발한다. 작은 바에 들어가 의자를 차지하고 앉아서 와인 한 잔과 핑거푸드를 하나 집으면 여행의 또 다른 묘미에 절로 웃음이 터진다. 누가 영국 음식이 맛없다고 했는지 되물어보고 싶을 정도로 맛도 향도 다채롭고 감동적이다.

버로우 마켓 한구석에는 이스트 런던 주류회사의 직영점이 있는데, 그날 이곳을 통해 증류소 방문을 예약했다. 그런데 며칠 후 달력을 잘못 보는 바람에 하마터면 증류소를 방문하지 못할 뻔했다. 우리나라 달력에는 일요일부터 표기되지만, 유럽은 월요일부터 표기된다. 그 탓에 요일을 착각했고 예약한 날짜를 넘겨버렸다. 나는 부랴부랴 증류소로 전화를 걸었다. 다행히 문화적 차이를 이해한 친절한 증류소 직원의 배려로 페

3부 블렌디드 위스키

널티를 물지 않고 예약 날짜를 바꿀 수 있었다. 이후에도 나는 한 번 더 똑같은 실수를 되풀이했다. 버킹엄궁 투어를 예약해 놓고 달력을 잘못 봐서 제날짜에 가지 못한 것이다. 버킹엄궁 은 이스트 런던 주류회사보다 좀 더 엄격해서 예약을 변경하지 못했고, 결국 나는 아직 버킹엄궁을 방문하지 못했다. 물론 일 요일부터 시작하는 달력이 영국에도 있기는 하지만, 가로세로 가 뒤바뀌어 더욱 혼란스럽다. 아무튼 영국에서는 달력 조심!

우여곡절 끝에 찾아간 이스트 런던 주류회사 증류소는 생각보다 평범했다. 나는 증류소가 런던에서 가장 힙하게 떠오 르는 이스트 런던의 쇼디치 근처에 있다고 생각했다. 하지만 기대와 다르게 런던 중심부를 한참 벗어나 빅토리아공원 근처 에 자리하고 있었다. 증류소에서는 각종 열매를 활용해서 다양 한 크래프트craft 진을 만들었다. 진 자체의 완성도는 상당히 뛰 어나 맛과 향이 모두 좋았다. 게다가 진은 음식과의 마리아주 가 중요한데, 진 한잔과 함께 먹은 왕갈비는 아직도 잊을 수 없 을 만큼 환상적이었다. 갈비는 등장부터 압도적이었다. 직설적 으로 구워진 큼지막하고 튼실한 갈비가 아무 사이드 음식도 없 이 내 앞에 놓였다. 마치 로빈 후드가 나타나 맨손으로 집어서 뜯어먹을 것 같은 자태였다. 나도 질세라 갈비를 집어서 우지 끈뚝딱 뜯어먹었다. 내가 생각해도 정말 멋졌다.

우리가 흔히 진이라고 생각하는 것은 대부분 런던 드라 이 진London Dry Gin이다. 간단히 말하자면, 주정에 각종 재료를 집어넣고 한꺼번에 증류해서 만드는 진이다. 런던에서 만들지 않았어도 이 방법으로 만든 진은 모두 런던 드라이 진으로 분류한다. 후첨가나 담금주 방식으로 만든 진은 런던 드라이 진이 아니다. 진을 만들 때 가장 기본이 되는 열매는 주니퍼 베리이다. 여기에 그 지역 특산물이나 독특한 식물을 추가하여 각자의 개성을 지닌 크래프트 진이 세계 곳곳에서 만들어진다.

　진은 16세기에 네덜란드에서 약용으로 쓰인 예네버르jenever가 시초로 알려져 있다. 이후 네덜란드 총독을 지내던 오렌지 공 윌리엄(빌럼) 3세가 명예혁명으로 영국 국왕으로 즉위하면서 진을 영국에 소개했다. 진은 크게 인기를 끌었으며 대량 생산되어 팔려나갔다. 값싸고 독한 진은 특히 영국 서민들의 사랑을 받았는데, 이 때문에 여러 가지 사회문제가 발생했고 부정적인 인식도 확산되었다. 덩달아 진의 본고장 네덜란드에 대한 인식도 나빠졌다. 영국에서는 진을 마시고 객기 부리는 것을 Dutch's Courage라고 한다. 심하게는 'I am a Dutchman'이란 말도 있다. '만약 내가 틀리면 성을 간다' '내 손에 장을 지진다' 대략 이런 뜻으로 쓰이는 표현이다. 영국의 트집에 네덜란드라고 가만히 있겠는가. 두 나라 사이에 파인 감정의 골은 꽤 오래고 깊다.

　전통을 고집하는 스카치 위스키 증류소는 대부분 자존심을 내세워 진을 만들지 않는다. 하지만 신생 증류소는 초기 운영 자금을 마련하기 위해 진을 만들기도 한다. 다양한 방식으로 시장에 접근해야 하는 신생 증류소로서는 당연한 선택이다. 남양주에 있는 한국 최초의 위스키 증류소인 '쓰리 소사이어티스Three Societies'에서도 몇 가지 실험적인 진을 만든다. 솔직히 나는 현재 이 증류소에서 만든 위스키의 완성도보다 그 진의 완성도를 더 높이 평가한다. 진은 제조 방식에서 큰 차이가 없기에 작은 변화와 약간의 아이디어만으로도 충분히 수준 높은 완성품을 만들 수 있다. 쓰리 소사이어티스에서 만든 진에는 한국적 재료인 깻잎이 추가되었다. 그러다 보니 사람들에 따라 확실히 호불호가 갈린다. 하지만 크래프트라는 게 본디 그런 것 아닐까? 끊임없이 새로운 시도를 해보는 건 칭찬받아 마땅하다. 정해진 답이란 없으니까!

장사의 신, KLM

진의 원조인 예네버르는 지금도 여전히 네덜란드에서 사랑받고 있다. 세계 최초로 이코노미 클래스를 만들어서 항공 여행의 대중화에 기여한 네덜란드의 KLM 항공사는 대륙간 노선의 비즈니스 클래스에 탑승하면 특별한 선물을 준다. 유명한 델프트 도자기로 만든 미니어처 병에 예네버르를 담아서 기념품으로 제공한다. 도자기 하나하나는 실제 암스테르담에 있는 건물을 그대로 본떠 만든 것이고 백여 개의 도자기에 번호를 매겨서 고객에게 선물해주는데, 나도 한 번 탑승하여 45번과 54번을 받았다. 이 백여 가지를 승객 수에 맞추어 모두 비행기에 실을 수는 없기에 탑승 전에 미리 예약해서 원하는 번호의 미니어처를 받을 수 있도록 하는 대단히 효율적인 시스템이다. 사전 예약을 안 하면 그 비행기에 실려 있는 것 중에서 골라서 가질 수 있다.

큰 돈을 들여서 CRM 시스템을 구축하고는 고객의 마음을 읽네 마네 하는 기업들도 많지만, 이렇게 쿨하고 자연스럽게 고객의 마음을 끌어당기는 KLM이 나는 더 대단하다고 생각한다. 심지어 자신이 가진 예네버르 미니어처를 관리할 수 있도록 KLM Houses란 모바일 앱을 제공하여 고객이 기념품 관리까지 직접 하게 만드는 이들은 정말 장사의 신이 아닌가?

나도 KLM Houses 앱을 깔았지만, 그 뒤로 KLM 여객기를 탈 기회가 없어 딸랑 미니어처 두 개만 앱에 표시되어 있다. 암스테르담의 델프트 도자기 하우스를 가면 백여 개의 미니어처를 전부 볼 수 있으니, 기회가 된다면 가보기를 추천한다.

90년대에 대한항공 비즈니스 클래스를 탑승하면 넥타이(남자)와 스카프(여자)를 기념품으로 주었다. 문양이나 색깔은 유럽의 어떤 명품과 비슷하게 만들었지만, 품질이 좋지 않아 그다지 사용하지 않았다. 우리 항공사들도 큰돈 들이지 않고 고객의 충성도를 확보할 수 있는 색다른 이벤트를 준비해보면 어떨까? 70년대에는 한국 전통 탈 모양 미니어처 병에 전통주를 담아서 기내에서 제공하기도 했는데, 투박하지만 색다른 느낌으로 다가왔다고 한다. 새로운 시대에 걸맞은 새로운 시도가 필요하다.

럼과 진은 모두 영국에서 유래하지 않았지만, 영국은 이를 세계적으로 퍼트렸다. 나를 포함한 기업인들도 이런 태도와 마음가짐을 가져야 한다. 원석은 도처에 널려 있다. 문제는 누가 그 가치를 찾아내어 자신만의 비즈니스 시나리오로 잘 엮어내느냐이다. 그리고 이를 빛나는 보석으로 상품화하는 것만이 기업과 국가가 가야 할 길이다. 수많은 첨단기술과 하루가 다르게 진화하는 AI 세상에서는 더더욱 절실한 생존 문제이다. 이 여름, 차가운 물방울이 잔뜩 맺혀 있는 시원한 진 토닉 한잔과 함께 이 고민들을 풀어가 보자!

불사조 같은 생명력, 아이리시 위스키
Irish Whiskey

성 패트릭 데이

3월 17일은 아일랜드의 가장 큰 명절인 성 패트릭 데이다. 이날에는 더블린을 위시해서 북아일랜드의 벨파스트, 런던, 뉴욕 등 아이리시 커뮤니티가 있는 모든 곳에서 초록빛 퍼레이드가 펼쳐진다. 전 세계 모든 아일랜드인이 패트릭 성인을 매개로 하나가 되는 순간이다.

초록색은 아일랜드를 대표하는 색깔이다. 아일랜드 국기에 그려진 초록색은 그들의 국토를 상징한다. 아일랜드를 상징하는 장면 가운데 하나는 컴퓨터 배경화면처럼 완만하게 펼쳐진 언덕 풀밭에서 양떼가 평화로이 풀을 뜯는 모습이다. 그

압도적인 존재감을 보여주는 툴라모어Tullamore 증류소의 숙성 창고.
가운데 작은 초록색 조명 하나로 아일랜드의 프라이드를 나타낸다.

러니 아일랜드 국토를 상징하는 색깔은 마땅히 초록색이어야
한다. 여담이지만 윈도XP 배경화면의 초록빛 구릉은 이제 지
구상에 없다. 배경화면 사진의 실제 지역은 캘리포니아 나파밸
리의 포도밭이다. 이곳은 1990년대에 필록세라균이 창궐해서
포도나무가 벌목된 후 방치된 상태였다. 농부에게는 가슴 아픈
공간이 사진작가에게는 평화롭고 목가적인 풍경으로 다가왔
나 보다. 이곳은 이후에 다시 포도나무가 심어졌으며, 이제 윈
도XP 배경화면은 상상 속에만 존재한다. 사실 MS사에서는 배
경화면으로 쓰기 위해 원본 사진에서 초록색을 진하게 보정했
다고 알려져 있다. 이조차 아일랜드의 초록빛 에메랄드 구릉

만큼은 푸르지 않다. 아일랜드인은 초록색을 사랑하고, 초록색 자체가 아일랜드를 상징하기도 한다.

아일랜드의 웅장하고 아름다운 자연은 예이츠나 조이스 같은 수많은 문학가를 길러냈다. 그들이 빚어낸 높은 문화 수준은 자연과 어우러져 아일랜드의 멋스러움을 더해준다. 물론 나에게는 아일랜드가 위스키의 원조 나라라는 사실에 감동이 배가된다. 아일랜드에서는 위스키를 'Whiskey'라고 쓰는데, 스펠링만 다른 것이 아니라 만드는 방식도 다르다. 현재는 두 번 증류하는 스코틀랜드 방식이 위스키 생산의 표준 방식처럼 받아들여진다. 하지만 세 번 증류하여 거친 향과 강한 목 넘김을 누그러뜨린 아이리시 위스키 생산 방식이 원조이다. 맥주건 소주건 모든 술에 대한 평가를 목 넘김의 부드러움 정도로 판단하는 우리 입맛에는 오히려 아이리시 위스키가 제격이다.

아일랜드와 로우랜드

아일랜드와 바다를 사이에 두고 인접해 있는 스코틀랜드 로우랜드 지역의 위스키도 아일랜드의 영향을 받아 대부분 세 번 증류한다. 그래서인지 맛도 꽤 비슷하다. 한때 우리나라 시장을 점령했던 윈저Winsor나 임페리얼Imperial, 섬싱 스페셜 Something Special 같은 블렌디드 위스키의 기주도 로우랜드 쪽에서 온 것이 많다. 효율성을 따지는 생산 시스템에 따라 두 번만 증류한 스카치 위스키는 목 넘김만으로 보자면 아이리시 위스키에 조금 못 미친다. 게다가 스코틀랜드의 이탄은 히스가 썩어서 생겨났지만, 아일랜드의 이탄은 초록빛 잔디가 썩어서 생겨났다. 따라서 같은 피트 위스키라도 아이리시가 스카치 위스키보다 풍미가 부드럽다.

아일랜드와 스코틀랜드가 영국 속령이던 시절, 영국은 여러 목적으로 위스키 주원료인 몰트에 과중한 세금을 부과했다. 스코틀랜드 증류소는 깊은 산속으로 숨어들어 몰래 위스키를 만들었지만, 아일랜드 증류소는 몰트 함량을 낮추어 세금을 적게 내는 방법을 선택했다. 이것이 오늘날 아이리시 위스키 맛이 스카치 위스키와 달라진 또 다른 중요한 계기가 되었다. 지금도 아이리시 위스키는 한 가지 몰트로만 만드는 싱글 몰트 위스키는 거의 없고, 몰트를 포함한 여러 곡물을 섞어서 증류한 팟스틸pot still 위스키 또는 이를 주정과 섞은 블렌디드 아이리시 위스키가 대부분이다. 사람에 따라 호불호가 있지만, 나는 풀 향기가 나고 가벼워서 목 넘김이 좋은 아이리시 위스키를 무척 좋아한다.

아름다운 복수

몇 해 전 가을, 나는 아이리시 위스키를 좀 더 가까이 만나기 위해 더블린을 여행했다. 아일랜드 자연은 상상했던 것보다 훨씬 아름다웠다. 나아가 활기찬 아일랜드 사람들, 각종 파이와 스튜, 그리고 흥겨운 펍의 분위기에 어울리는 쌉쌀한 기네스Guiness 맥주부터 최고의 위스키까지 모든 것이 놀라움과 감동 그 자체였다. 과거의 가난하고, IRA 테러에서 연상되는 과격한 이미지의 아일랜드는 없었다. 영국의 브렉시트 이후, 아일랜드 항구는 EU의 해상 운송 거점으로 자리 잡았으며, 더블린과 코크 등 주요 도시에는 구글·애플 등 글로벌 기업의 유럽 본사가 들어섰다. 1인당 GDP 10만 달러를 돌파하면서 EU에서도 상위권 경제 대국으로 올라섰다. 자신들을 짓누르던 영국의 굴레에서 벗어나 이제는 유럽의 중심 국가로 발돋움하는 중이다. 복수는 이렇게 하는 것이다. 두 나라 사이 애증의 역사를 기억하는 사람들은 이를 아일랜드의 '아름다운 복수'라고 평가한다.

　　곳간에서 인심 난다는 말이 있다. 아일랜드 사람들은 많은 면에서 여유로워진 모습이다. 아니, 어쩌면 그들은 천성적으로 유쾌하고 느긋했는데 암울한 시기에 한동안 억눌려 있었던 것일지도 모른다. 나는 더블린의 펍에서 그들과 부대끼며 심증을 굳혔다. 이웃한 영국과 달리 아일랜드의 펍에서는 옆자리에서 만난 모든 사람이 친구가 된다. 옆 사람에게 기꺼이 한 잔씩 건네는 멋쟁이도 드물지 않게 볼 수 있다. 모르는 이들과 어떤 주제로도 이야기를 나누며 즐거워한다. 대화할 때는 텔레비전의 스포츠 중계방송과 사람들의 왁자지껄한 웃음소리에

아일랜드의 3회 증류 방식을 그대로 보여주는 세 개의 증류기.
증류 순서대로 앨리슨, 나탈리, 레베카라는 이름의 증류기는
창업주의 세 딸 이름이다.

묻히지 않도록 목청껏 소리쳐야 한다. 하룻밤 새에 목이 잠길 수 있으니 조심해야 한다.

아일랜드의 펍은 아일랜드 사회를 그대로 축소한 미니어처다. 제임스 조이스가 《율리시스》에서, "펍을 피해서 더블린을 걷는다는 것은 마치 퍼즐게임을 벌이는 것과 같다"고 할 정도로 더블린 사람들 삶에서 펍의 의미는 대단하다. 그들은 펍에서 먹고 마시고 사랑하고 헤어지고 비즈니스를 한다. 모든 역사가 펍에서 이루어진다. 참고로, 아이리시 펍에는 스카치 위스키가 거의 없다. 조니 워커 같은 블렌디드 위스키가 한두 가지 정도 있을 뿐, 싱글 몰트 스카치는 언감생심이다. 다만 같은 피를 공유한다고 믿는 미국의 버번은 그래도 꽤 보인다. 미국에서도 위스키는 whisky가 아니고 whiskey이니까!

기네스 맥주와 툴라모어 위스키

더블린 시내에서 몇몇 증류소를 보고 난 후, 랜드마크인 기네스 맥주 공장을 가보았다. 기네스 공장은 도시 한가운데에 자리 잡고 있었다. 건물 6층 루프탑에 올라가 보니 시원하게 뚫린 360도 원형 창을 통해 더블린 시내가 한눈에 내려다보였다. 기네스 맥주와 애플 시드르cidre를 한잔 마시면서 더블린 풍광을 음미하고 있는데, 옆 테이블에서 혼자 온 젊은 한국 친구가 열심히 유튜브 영상을 찍고 있다. 젊었을 때 부지런히 움직이고 다양한 세계를 자신만의 방식으로 경험해내는 젊은이가 꽤 대견하다. 이곳은 내가 다녀본 지구상 멋진 풍광을 꼽을 때 열 손가락 안에 드는 곳이었다. 그 젊은 친구에게도 그러하기를! 누구라도 더블린을 방문할 기회가 있다면 반드시 기네스 공장 루프탑에서 기네스 맥주를 한잔 마셔보기를 추천한다.

일정이 촉박하여 원래 계획한 더블린 외곽의 증류소들을 모두 가보지는 못했지만, 지인의 소개로 그중 한국에는 잘 알려지지 않은 툴라모어Tullamore 증류소를 방문했다. 아일랜드는 동그랗게 생긴 섬나라이다 보니 더블린에서 철도로 두세 시간이면 어디든 닿을 수 있다. 덜컹거리는 아이리시 레일 기차를 타고서 툴라모어로 향했다. 툴라모어 기차역에서는 단 두 팀이 내렸지만 역 앞에서 대기 중인 택시는 한 대뿐이라 앞서 나간 중년의 독일 남성들이 먼저 탔다. 나는 다시 돌아오는 택시를 기다렸다 타고서 툴라모어 증류소에 도착했다. 중년의 독일 남성들을 여기에서 만난 것은 당연지사. 우리는 서로를 알아보고 씩 웃으며 눈인사를 나누었다.

지인의 소개로 툴라모어 위스키의 글로벌 앰버서더인 케빈을 만나 증류소를 한 바퀴 돌아본 다음, 증류소 안 근사한 오센틱 바에서 진짜 아이리시 커피 만드는 법을 배웠다. 아이리시 커피는 더없이 따뜻하고 달콤하고 부드러웠다. 왜 많은 사람들이 아이리시 커피에 열광하는지 어렴풋이 알 수 있었다. 추운 겨울날 몸을 녹이는 따뜻한 커피와 위스키, 그 둘을 단단히 이어주는 크림까지 완벽한 삼위일체였다. 아쉽게도 얼마 지나지 않아 아이리시 커피 레시피를 깨끗이 잊어버렸다.

바쁜 일과 속에서도 나를 환영해준 케빈에게 감사의 뜻으로 조금 늦은 점심을 함께 먹기로 했다. 툴라모어 시내로 나와서 그 동네 최고의 신토불이 레스토랑에서 아이리시 음식을 한 상 가득 먹었다. 물론 코리안 스타일로 연장자인 내가 점심을 샀다. 거듭 사양하는 GDP 10만 달러의 선진국 시민에게 말이다. 언젠가 툴라모어 위스키가 한국에 진출하는 날 케빈과 한국에서 다시 만나기를 기약하며, 툴라모어 위스키와 고즈넉한 아일랜드 시골 투어를 마무리했다.

업사이드 다운 신호등

역시 아일랜드를 관통하는 하나의 느낌은 초록색이었다. 아일랜드 그린에 대한 이야기에서 신호등을 빼놓을 수 없다. 뉴욕주 시라큐스 티퍼러리 힐의 한 사거리 신호등을 자세히 보면, 전 세계에서 유일하게 초록색 등이 위에 있고 붉은색 등이 아래에 있는 이른바 업사이드 다운 신호등이다. 전통적으로 미국에 온 아이리시 이민자들의 고향에 대한 자부심과 애착은 매우 높아, 신호등에서도 영국 유니온잭이 연상되는 붉은색이 자신들의 초록색 위에 자리 잡은 것을 용납하지 못했다고 한다. 이런 연유로 초기 미국의 수많은 신호등이 아이리시 이민자들 거주지에서 많이 파괴되었다. 티퍼러리라는 지명도 아일랜드 남부의 한 도시 이름이라 당연히 아이리시가 많이 거주했을 것이고, 업사이드 다운이 아닌 신호등은 결코 용납되지 않았다. 어쨌든 이제는 아이리시 이민자의 전통을 존중한다는 상징적인 의미로 유일하게 이곳에서만 업사이드 다운 신호등이 세워졌다. 이로써 아일랜드 이민자와 WASP(White Angle Saxon Protestant)로 대변되는 영국계 이민자들과의 갈등은 봉합되었다. 궁금한 분들은 인터넷에서 'Tipperary Hill Traffic Light'로 검색해보면 업사이드 다운 신호등이 그 사거리에 떡하니 매달려 있는 것을 확인할 수 있다. 요즈음 우리나라 정치판에서는 계층 간의 갈등과 증오가 여과 없이 폭발하고 정치인들은 이를 자신들의 목적에 이용하고 있는데, 이런 앵글로-아이리시 스타일의 조크로 현실을 좀 편하게 풀어내는 사람이 지도자가 되면 어떨까? 모든 일을 농담처럼 할 수는 없지만, 모든 일엔 농담이라는 양념이 반드시 들어가야 인간사의 많은 일들을 멋스럽고 재미있게 풀 수 있지 않을까 생각해본다.

불사조처럼 되살아나다

아이리시 위스키는 정말 멋진 물건이다. 미국을 지배한 버번도 결국은 미국으로 건너간 많은 아이리시들이 만들어냈고, 스카치에 견주어서도 맛과 향의 스펙트럼 또한 넓다. 하지

더블린의 한 호텔 바. 스카치는 눈을 씻고 찾아봐도 없다.

만 20세기 초 미국 금주법 시대에 적절히 대응하지 못한 아이
리시 위스키 산업은 몰락했다. 1970년대 이후 하나둘씩 부활
하기까지 오직 제임슨Jameson과 부시밀Bushmills 두 가지 위스
키만이 명맥을 잇고 있었다. 그마저도 부시밀은 북아일랜드 벨
파스트에 있으니, 순수한 아일랜드공화국 위스키는 제임슨뿐
이었다. 이제는 그 외에도 틸링Teeling, 미들턴Midleton, 퍼큘렌
Fercullen, 라이터스 티어스Writers' Tears, 레드브레스트Redbreast
등이 새롭게 만들어지거나 혹은 부활하여 아이리시 위스키의
명맥을 잇고 있다. 그래서 틸링과 툴라모어처럼 다시 주목받고
있는 아이리시 위스키는 그들의 상징으로 피닉스, 즉 불사조를

3부 블렌디드 위스키

더블린 시내의 펍. 수많은 더블린 사람들이
매일 밤 즐거운 시간을 보내며 서로 친구가 된다.

많이 쓰고 있다. 그들 위스키 산업의 부활을 나타내는 피닉스
문양은 이외에도 아일랜드 전체에서 무척 사랑받고 있다.

　　대부분의 미국 버번 이름이 whisky가 아니라 whiskey
로 끝나는 것은 이들의 조상이 모두 아일랜드에서 이주한 사람
들이기 때문이다. 비록 이역만리 떨어져 있고, 주재료도 옥수
수뿐이라 아일랜드와는 많이 다른 환경에서도 그들은 마치 고
향에서 아이리시 위스키를 만들 듯 노력했다. 그렇기에 버번과
아이리시는 완전히 다른 위스키이지만 나는 버번을 마실 때면
어렴풋한 아일랜드 그린의 실루엣을 항상 떠올린다. 맛, 향, 가
성비, 한국 사람들이 특히 선호하는 부드러운 목 넘김까지 그

야말로 모든 것을 다 갖춘 아이리시 위스키! 이번 주말에는 더블린의 소란스런 펍을 떠올리며 고소한 아이리시 위스키를 한잔 마셔보는 건 어떨까?

신호등의 보행 신호는 초록색이지만 아무도 초록이라고 부르지 않고 그냥 파란불이라고 부른다. 일본에서도 마찬가지로 아오이, 즉 파랑이라고 부른다. 색깔이란 문화권에 따라 다르게 인식될 수밖에 없고, 한국과 일본을 비롯한 몇몇 나라에서는 초록색이라는 개념을 늘 파란색의 일부로 사용해왔다. 예를 들어 '푸른 산' '푸른 바다'는 엄연히 다른 색이지만 별다른 거부감이 없이 파란색 범주 안에서 같이 사용해왔다. 모든 것을 명확히 규정짓고 관리해야 직성이 풀리는 일본에서는 미도리(초록)를 아오이(파랑)로 표현하는 이율배반을 도저히 참을 수가 없었다. 그래서 이미 동의한 국제협약의 범위 내에서 1973년 녹색 범주에 속하지만 가장 파란색에 가까운 색으로 신호등을 만드는 것으로 타협했다. 만약 일본에 가면 그곳 초록 등이 우리나라와 얼마나 다른지 한번 확인해보는 것도 재미있을 듯하다. 시각적으로 예민하다면 이를 확실히 파란색으로 느낄 수도 있을 것이다. 최근에는 심지어 완전히 파란색 신호등도 등장하고 있다고 한다. 색감에 관한 일본인들의 인내심이 임계점을 넘어선 것 같으니, 다음번 일본 여행에서 확인해봐야겠다. 요즘은 대부분 사라졌지만, 90년대 초 미국에서 본보행자 신호등 중에는 Walk와 Don't Walk라고 표기된 것이 꽤 많았다. 아마도 적록색맹을 위한 배려일 텐데, 20여 년 전 미국 오클라호마 출장길에 만난 그 동네 토박이가 "Don't Walk의 진정한 의미는 Run"이라고 해서 무릎을 탁 쳤다!!! 그렇다, 미국 신호등은 Walk와 Run 두 가지뿐인 것을······. 어딜 가든 빨간불일 때는 뛰어라! Don't Walk and Run!

일본 위스키
Japanese Whisky

◇

NHK 드라마 〈맛상〉의 주인공 타케츠루가 퍼트린 작은 씨앗 하나가 일본 위스키 백 년 역사를 만들었다. 스코틀랜드의 지구 반대편, 아시아 동쪽 끝에서 강자로 등극한 일본 위스키가 어디까지 비상할지 궁금하다. 일본 위스키의 문익점인 타케츠루와 이를 키워낸 산토리 신화의 토리이, 두 사람의 경쟁과 협력으로 시작된 일본 위스키는 다음 세대의 위스키 장인들로 이어지고, 또 새로운 일본 위스키의 백 년이 만들어질 것이다. 훌쩍 커진 우리 위스키 산업도 그들과 함께 갈 수 있는 경쟁과 협력의 파트너가 되어야 한다.

호쿠리쿠 위스키 기행
Hokuriku whisky

포토맥강의 벚나무

미국 수도 워싱턴DC는 도시를 휘감아 흐르는 포토맥 강변을 따라 조성된 공원에 봄마다 흐드러지게 만개하는 벚꽃으로도 유명하다. 세계적으로도 이 정도 규모의 왕벚나무 군락을 도시 한가운데서 보기는 쉽지 않다. 도쿄 우에노공원이나 여의도 윤중로를 따라 펼쳐지는 왕벚나무 군락이 그나마 비교할 수 있겠지만, 포토맥 강변의 그것에 비하면 규모와 화사함이 훨씬 떨어진다. 이 유명한 포토맥 벚꽃의 배경에는 일미친선협회를 만든 한 일본인 학자의 노력이 스며 있다.

타카미네 조키치는 인산비료를 인공 합성해내고, 소화

호쿠리쿠 지방 유일한 위스키 증류소, 사부로마루三郎丸.
최근 〈코마다 증류소에 어서 오세요〉라는 애니메이션의 무대로 유명해졌다.

효소인 타카디아스타아제를 발견하고, 생체의 긴장 상태를 유
지해주는 아드레날린을 부신수질에서 분리해낸 뛰어난 화학
자이다. 타카미네는 자신의 발명을 기반으로 화학비료와 의료
분야 사업에 뛰어들어 기업인으로도 크게 성공했다. 큰돈을 번
타카미네는 공식적으로는 일본 정부가 미국에 선물했던 벚나
무를 기증했으며, 사재를 털어 포토맥 강변에 더 많은 벚나무
를 심었다. 말년에는 미국으로 귀화하고 양국의 친선을 위해
노력했지만 결국 전쟁의 비극을 막지 못했다. 한편 타카미네는
일본 이화학연구소를 설립하여 후학 양성에 힘썼다. 오늘날까

지 일본 노벨상 수상자의 절반가량이 이화학연구소 출신이라고 하니, 역시 돈을 벌어서는 이렇게 써야 하는 게 아닐까 싶다.

타카미네는 자신이 발견한 타카디아스타아제를 이용해 타카코지라는 일종의 누룩을 만들었다. 알다시피 누룩은 술과 관련된 효소이다. 동양에서는 술을 만들 때 누룩을 사용하여 전분의 당화를 촉진하고, 이를 통해 발효되기까지를 한 공정으로 진행한다. 하지만 서양에서는 전통적으로 두 공정이 분리된다. 만약 당화와 발효를 동시에 이뤄낸다면 주류업계의 판도를 뒤흔들 만한 제조 공정의 혁신 기술로 환영받을 게 분명했다. 스카치나 아이리시 위스키에 비해서 출발점이 늦은 미국 위스키 업계에서는 경쟁자를 단박에 뛰어넘을 묘안이 필요했다.

이즈음에 타카코지가 발명되었고, 미국 위스키 업계는 '타카미네 프로세스'로 혁신을 시도해보려는 움직임이 일었다. 당시 미국 위스키의 80퍼센트를 생산했던 위스키트러스트사의 CEO는 최초로 타카미네 프로세스를 과감하게 생산 공정에 적용하려 했다. 하지만 공정이 단일화되면 일자리를 잃을까 두려웠던 위스키 노동자들은 공장을 두 번이나 불태워버렸고, 심지어 타카미네의 생명을 위협하기까지 했다. 결국 첫 도전은 중도 포기되고 말았다.

20세기 초반의 미국은 한창 노동자의 목소리가 커져가던 시기였다. 이를 간과하고 한꺼번에 혁신을 이루려던 타카미네와 위스키트러스트의 시도는 섣부른 감이 있었다. 만약 이

　　　　　　　　　　　　　　　　　　　　4부 일본 위스키

시도가 성공했더라면 우리는 또 다른 평행 우주에서 전혀 다른 위스키를 즐길 수도 있었을 것이다. 하지만 무엇이 우리 삶을 더 풍성하게 할지는 생각하기 나름이다. 전통과 혁신, 두 가지 모두 의미 있겠지만, 나는 타카미네의 혁신보다 발효와 당화가 분리된 전통 방식을 선호한다. 혁신을 거쳐 생산된 위스키는 내가 알고 있는 위스키가 아닌 다른 무엇일 뿐이다. 술은 역시 감성의 상품 아닌가.

　　최근 일본의 일부 증류소에서 코지, 즉 누룩 위스키를 시도하고 있으나, 일본 주류법에 따르면 코지를 사용하면 위스키로 인정받지 못해서 고민이 많다고 한다. 하지만 어느 나라나 법과 제도는 혁신에 후행하는 법이고, 이를 넘어서는 것 또한 혁신가의 몫이다. 오히려 미국에서는 최근에 코지 위스키를 새로운 위스키 카테고리로 받아들이는 분위기다.

　　우리나라도 주세법의 지나친 규제로 한국형 위스키, 혁신적인 위스키를 만드는 데 난관이 많다고 한다. 결국 이것도 우리 시대가 해결해야 할 과제이지 않을까? 한국 주세법 문제의 이면에는, 소주 가격에 변화를 일으키면 정치적으로 매우 큰 위험을 자초한다는 판단에 기인한다. 우리와 마찬가지로 미국인이 자주 하는 농담 아닌 농담이 있다. '어떤 정권이라도 만약 맥주와 휘발유 가격을 건드린다면 반드시 권력을 잃는다.' 미국인에게 맥주와 자동차가 그렇듯, 우리에게 소주는 삶의 애환을 함께한 동반자이다. 영혼의 친구를 제삼자가 함부로 해코지하면 누구라도 화가 나는 법이다. 여하튼 국내 주세를 둘러싼 불합리한 관행이 하루빨리 타파되기를 바란다. 그래야 다양하고 참신한 갖가지 술을 즐기고, 또 K-Drink로 세계에 수출할 수 있을 테니까. 모두가 납득할 만한 논리와 정성으로 이 문제를 해결할 용감하고 신선한 정치인과 정권을 기대해본다.

위스키 애니메이션의 무대

처가가 있는 이시카와현 가나자와시에는 전통 먹거리로 유명한 오미초 시장이 있다. 몇 년 전 오미초 시장 앞 홀리데이인 호텔에 투숙한 적이 있었다. 혼자서 아침 산책을 하러 호텔을 한 바퀴 돌다가 갑자기 호텔 외벽에서 타카마네의 흔적을 발견하고 깜짝 놀랐다. 알고 보니 이분이 가나자와에서 나고 자랐으며, 호텔 자리가 바로 생가였단다. 권력자인 검사장 아버지를 둔 금수저로 태어나 세계적인 과학자가 되었고, 위스키계의 혁신을 주창했던 선인의 흔적을 여기에서 만날 줄이야!

일본 사람들은 예로부터 이시카와·도야마·후쿠이·니가타를 포함한 지역을 호쿠리쿠라고 지칭한다. 당시 수도인 교토의 '북쪽 땅'이라는 뜻이다. 호쿠리쿠는 아름다운 자연과 풍요로운 대지를 자랑하며 일본에서도 살기 좋은 곳으로 손꼽힌다. 도쿄나 오사카에서 출발하는 신칸센 열차도 있으니 기회가 된다면 꼭 한번 방문해보시라. 호쿠리쿠는 물이 맑고 쌀이 찰져

서 맛있는 사케さけ 생산지로 유명했다. 그런데 2차 세계대전 종전 직후에는 쌀이 부족해서 쌀로 술을 빚지 못하게 금기시되었다. 이에 따라 도야마현 와카츠루若鶴 양조장에서는 쌀 대신 보리로 술을 만들기 시작했으며, 현재 호쿠리쿠의 유일한 위스키 증류소인 사부로마루三郎丸로 이어졌다. 최근 개봉한 일본 위스키 애니메이션 〈코마다 증류소에 어서 오세요〉의 무대가 된 곳이다.

가나자와에 도착한 첫날, 처남 소개로 사부로마루 증류소에서 근무했던 바텐더 타지마의 바에 갔다. 처음 만난 타지마는 사부로마루 증류소에 가는 방법을 친절하고 꼼꼼히 알려주었다. 먼저 가나자와역에서 이시카와 철도 기차를 타고 다카오카역으로 가서 내린 다음, 지방 철도 노선인 조하나선의 표를 끊어서 두 칸짜리 열차로 아부라덴역까지 가는 여정이었다. 타지마는, 아부라덴역은 역무원이 없는 간이역이라 다카오카역에서 미리 왕복표를 사라고 귀띔해주었다.

일본어를 못하는 내가 지방 철도 노선을 두 번 갈아타고서 역무원도 없는 간이역에 내릴 수 있으려나, 덜컥 겁이 났다. 나는 일본어로 '아부라덴역까지 왕복표를 부탁합니다'를 열심히 외웠다. 정말 이곳은 영어로 된 안내 책자 하나 없는 완벽한 시골 지방 철도역이었다. 가나자와역의 이시카와 철도 안내소에서 일본어로 쓰인 노선도를 한 장 받았지만, 지명을 사투리로 써놓았는지 표준 일본어 한자 독음과 역 이름이 달라서 더욱 혼란스러웠다. 일부 역 이름이 영어로 병기되어 있었지만, 다른 역은 해석해볼 엄두도 내지 못했다. 게다가 타지마가 이야기해주지 않은 매우 중요한 요점이 한 가지 더 있었다. 아부라덴역에 정차해서는 열차 두 칸 중에 앞 칸만 문이 열리고, 그곳으로만 내리고 탈 수 있다는 사실이다. 뒤 칸에 탔던 나는 그것도 모르고 열리지 않는 문을 수동으로 열어보려 애를 써야 했다. 그 모습을 본 옆자리 초등학생이 손짓으로 앞 칸으로 가라고 해서 아슬아슬하게 아부라덴역에 내릴 수 있었다. 우여곡절 끝에 내려서 한숨 돌리고 보니, 고풍스러운 건물과 현대적 시설이 부자연스럽게 공존하는 사부로마루 증류소가 역 바로 앞에서 나를 맞아주었다.

투어에 참가한 외국인은 나 혼자였고 당연히 일본어로 증류소 투어가 이루어졌다. 야마자키山崎나 요이치余市 증류소에서도 경험했던지라 외국어로 안내받는 호사는 애초에 기대하지 않았다. 위스키 제조 과정은 어느 증류소나 비슷하기에 일본어로 진행되는 투어를 그럭저럭 따라갔지만, 안내 직원이 이방인인 나에게 자꾸 질문하는 통에 미소와 함께 진땀을 조금 흘려야 했다.

이곳에서는 저렴한 하이볼용 위스키 선샤인Sunshine를 만들어왔는데, 최근에 부가가치를 높이고자 주넨묘十年明를 비롯한 다양한 제품군으로 생산을 확대하고 있다. 투어 마지막에는 일본 각지에서 온 사람들과 즐겁게 다양한 위스키를 시음했다. 옅은 밀짚 색깔 사부로마루 위스키는 일본의 이름난 여느 위스키만큼이나 질감과 향, 피니시까지 완성도가 높았다. 내가 무척 좋아하는 버번 캐스크 숙성 스타일이라 첫 느낌은 가볍지만, 바닐라 향이 느껴지는 부드럽고 녹진한 맛이었다.

어차피 열차 시간도 넉넉해서 이곳에서 점심을 해결하고 싶었다. 내게 질문을 많이 던진 안내 직원에게 짧은 일본어로 물었더니 흔쾌히 점심을 예약해주었다. 깜짝 놀랄 정도로 담백하지만 진한 맛의 도야마현 쇠고기로 만든 로스트비프 덮밥과 7백 엔짜리 위스키 한잔을 곁들이니 세상 부러울 게 없다. 식사 마지막에는 디저트 티라미수가 사케 잔으로 쓰이는 됫박처럼 생긴 마스升에 담겨 나왔다. 고정관념을 과감하게 깨뜨린 시도는 충분히 극찬받을 만했다. 보기에도 좋고 실용적인 데다 맛까지 있다. 내가 경험한 증류소 식사 코스 중 최고였다. 시음주 몇 잔과 반주 한잔으로 조금은 알딸딸해진 발걸음으로, 나는 아부라덴역에서 짐짓 익숙한 듯 기차에 올랐다. 다카오카로 돌아오는 동안 나는 두 칸짜리 열차에서 흐뭇한 기분으로 그날 밤 갈 위스키 바를 검색했다. 물론 갑작스레 표를 검사할까봐 아부라덴 왕복표를 손에 꼭 쥐고 있었다.

카가 번국에서 이시카와현으로

호쿠리쿠 여행의 마지막은 다시 이시카와현에서 마무

구리와 주석 합금으로 만든 증류기 제몬Zemon.
일본의 전통 종 주조 방식으로 만들어져
일반적인 구리 증류기보다 섬세하고 부드러운 원액을 만들어낸다.

리했다. 이시카와는 호쿠리쿠에서도 가장 풍요로운 지역으로 과거 주요 번국인 카가의 영토였다. 미드웨이해전에서 침몰한 항공모함 카가도 이 지명에서 따왔다. 그리고 현재 해상자위대가 보유한 이즈모급 2번 항모의 이름 역시 카가라서 조금 느낌이 묘하다.

과거 일본은 메이지유신 시기에 프랑스식 행정구역 제도를 본떠 번을 폐하고 현을 설치하는 폐번치현 정책을 시행했다. 이 밖에도 일본은 적극적으로 프랑스의 국가 운영 정책과 제도를 도입했으나, 프랑스-프로이센 전쟁에서 프로이센이 승리하는 것을 보고 군제만큼은 프로이센식으로 바꾸었다. 여기에서 보듯, 당시 일본 지도자들은 국제정세에 따라 기민하게 의사결정하고 집행하면서 근대화를 이루었다.

마지막으로 가나자와 유일의 진 증류소를 방문했다. 가나자와 특산물인 쿠로모지(조장나무) 허브를 넣고 증류하여 강하지만 거북하지 않은 독특한 풍미의 크래프트 진을 만들어내는 알렘빅Alembig 증류소였다. 빨간 대문이 돋보이는, 아주 작지만 매력적인 증류소였다. 이 증류소의 대표이자 내 처남인 그에게 맛을 내는 비결을 물어보니, 유서 깊은 야마토 간장을 만드는 옆집과 우물을 공유하기 때문이라고 했다.

짧은 기행을 마치면서, 나는 여전히 호쿠리쿠를 온전히 들여다보지 못했다는 아쉬움이 몰려왔다. 다음에 호쿠리쿠를 여행할 때는 어느 곳보다 먼저 사도에 가볼 생각이다. 스코틀랜드 아일라섬과 비슷한 모양과 크기를 가진 사도는, 과거 재일교포를 태워 북송하던 만경봉호 니가타-원산 항로의 중간에 있다. 최근 유네스코 문화유산 등재로 논란을 일으킨 사도광산이 위치한 그 섬이다. 개인적으로는 프렌치 셰프였던 장인의 고향이기도 하다. 조만간 아름다운 자연경관과 사도광산의 모순이 공존하는 공간을 온몸으로 마주해보고 싶다.

사라져버린 전설, 가루이자와
Karuizawa

일주일간의 일본 철도 여행

어쩌다 보니 모 신문사 위스키 최고위 과정 주임교수를 맡게 되었다. 이번 기수의 수료를 앞두고 졸업 여행지를 가까운 일본으로 정했다. 어느 증류소를 갈지 구체적으로 정하던 차에, 일본 가나자와에서 진 증류소를 운영하는 처남에게서 특별한 제안을 받았다. 다음 달 가나자와에서 일본 각지의 위스키 증류소 관계자들이 참석하는 위스키 컨벤션이 열리니 와서 정보도 얻고 관계자를 만나보라는 제안이었다. 일주일간의 일본 중부 위스키 여행이 그렇게 시작되었다.

가나자와를 가려면 이전에는 인천-고마쓰 직항편을 타

가루이자와 위스키 전설의 무대인 가루이자와역.
도쿄역에서 신칸센을 타면 한 시간 만에 가루이자와역에 도착한다.

면 됐지만, 코로나 팬데믹 이후 사라지고 말았다. 어떻게 가면 좋을지 고민하면서 경로를 탐색하던 끝에, 결국 일주일간의 일본 철도 여행을 겸하기로 했다. 의도치 않게 판이 커져버렸다.

우리나라에서도 최근에는 청소년이나 외국인에게 저렴한 가격의 기차표를 판매하지만, 아직 상품이 다양하지 않고 할인 혜택도 크지 않다. 이에 비해 철도 강국 일본의 재팬 레일 패스(JR패스)는 여행 상품이 다양하고, 내국인 역차별 논란까지 나올 정도로 외국인에게 관대하다. 일본에서는 철도 외에도 자국 항공사를 이용해서 입국한 외국인에게 1만 엔 정도로 국내선을 탈 수 있는 쿠폰을 발급한다. 그보다 서너 배의 국내선 요금을 내야 하는 일본인 입장에서는 여러 가지로 억울할 만하다. 최근 이런 논란으로 JR패스 가격이 큰 폭으로 인상되고 있으니, 더 늦기 전에 그 혜택을 누려보기로 했다.

내가 구매한 호쿠리쿠 아치 패스는 나리타 익스프레스와 호쿠리쿠 신칸센을 포함하여 도쿄, 도야마, 가나자와, 그리고 오사카 간사이공항까지 이어지는 모든 특급열차를 일주일간 무제한으로 이용할 수 있는 신상품이었다. 열차 노선을 따라 중간중간에 가고 싶은 곳이 너무 많아서 이번 여행의 목적인 가나자와 위스키 컨벤션은 그저 핑계가 되어버렸다. 평소 가보고 싶던 곳을 향해 달려가는 철도에 몸을 실었으니 즐겁지 않을 이유가 없다. 다만 철도 여행 과정에서 적잖은 해프닝과 불편함이 뒤따랐다. 아무리 철도 강국이라도 새로운 상품이 소비자에게 제대로 편의를 제공하기까지는 더 많은 시행착오 과정이 필요한 듯했다.

표면적인 목적지는 가나자와였지만, 사실 이번 여행의 주된 목적지는 가루이자와였다. 가루이자와軽井沢는 일본 중부 산악지대인 나가노현에 위치한다. 스코틀랜드와 비슷한 기후와 풍광으로 북유럽 선교사들이 사랑했으며, 존 레넌이 오노 요코와 함께 자주 왔던 곳으로도 유명하다. 가루이자와는 여름 피서지이자, 멋진 레스토랑과 바, 카페, 유서 깊은 호텔이 즐비하고, 과거와 현재가 어울려 공존하는 힙한 곳으로 인정받는다. 특히 도쿄의 여피족 사이에서는 가루이자와에 별장을 하나 소유해야 성공했다는 행세를 할 수 있다고 한다. 마치 성공한

뉴요커가 롱아일랜드에 별장을 소유하려는 것처럼 신분과 지위를 상징적으로 나타내는 그들만의 방식인 듯하다. 가루이자와는 관광객과 장기 체류자들이 소비하는 경비로 재정이 튼튼해서 일본 중앙정부가 주는 지방교부세를 받지 않는 부자 도시이기도 하다. 또한 1964년 도쿄올림픽의 마장마술, 1998년 나가노동계올림픽의 컬링 경기가 열렸던 곳으로, 세계에서 유일하게 하계·동계 올림픽을 모두 치른 매력적인 도시이다.

이처럼 아름답고 멋진 도시이지만, 정작 내가 가루이자와에 가려던 이유는 따로 있었다. 지금은 사라져버린 전설적인 가루이자와 위스키의 잔향을 맡고 싶어서였다. 이제는 일본인 사이에서도 가루이자와 위스키를 기억하는 이가 많지 않다. 하지만 가루이자와 위스키에 대한 내 기억은 너무나 강렬했다. 나는 가루이자와를 만들던 사람들과 떼루아(풍토)를 찾아서 홀린 듯 그곳으로 찾아갔다.

증류소의 옛터를 찾아서

20세기 중반까지 일본은 위스키 세계의 변방이었다. 이즈음 지금은 전설이 된 몇 사람들이 등장해서 흥미로운 흐름을 이끌었다. 많은 사람들이 부담 없이 마시는 위스키를 만들겠다는 철학을 추구한 산토리サントリー의 토리이 신지로, 마니아의 입맛을 충족시키는 정통 스코틀랜드식 위스키를 만들고자 했던 닛카ニッカ 위스키의 타케츠루 마사타카가 대표적인 인물이다. 하지만 가루이자와에는 그런 스타가 없었다. 그래서 가루이자와의 이름 없는 사람들은 더더욱 오직 제대로 된 우아하고 품위 있는 위스키를 만들기 위해서 노력했다. 결국은 사라지고 말았지만, 그들이 추구했던 이상과 결과물만큼은 더없이 훌륭했다. 그사이 수많은 사람이 거쳐가고 몇 차례 인수합병되었다. 이 과정에서 처음 품었던 이상이 희석될 법도 하지만, 이상하게도 그들은 가루이자와라는 정체성을 지켜나가며 최고의 위스키를 만들어냈다. 어쩌면 가루이자와 땅이 지닌 매력과 힘이 아닐까? 맥주회사 기린麒麟의 인수 이후, 가루이자와 증류소 터는 단돈 5백만 엔에 팔려 미요타초 사무소 부지가 되고, 증류소 설비는 빚잔치라도 하듯 철거되었다. 그해 말, 전 세계 위스키 품평 목록에서 가루이자와 위스키는 1위를 차지했다. 가장 슬픈 비극과 가장 기쁜 희극이 교차하는 순간이었다. 가루이자와 위스키는 이제는 다시 볼 수 없기에 더욱 애처롭게 느껴졌다.

나는 그곳 어디엔가 분명 가루이자와의 DNA가 살아 있을 거라고 믿었다. 옛 가루이자와 증류소로 가는 길은 조금 험난했다. 도쿄역에서 신칸센을 타고 가루이자와역에 내린 다음, 지방 철도인 시나노선으로 갈아타고 세 정거장을 더 들어가야 했다. 당일 새벽 서울에서 출발한 나는 길을 달리고 달려 해 질 녘에 겨우 가루이자와역에 도착했다. 첫날 밤은 미요타초의 시골 료칸에서 신세를 져야 했다. 전혀 말이 통하지 않는 시골 료

칸은 시설이 낡았지만 정갈한 온천탕도 있었다. 그리고 그보다 더 정갈하고 화려한 가이세키 저녁과 아침을 대접받고 나니, 1만 엔 남짓 숙박비가 너무 싼 듯하여 미안하기까지 했다.

이튿날 대망의 가루이자와 증류소 폐허를 찾아 출발했다. 그때까지 나는 그곳의 정확한 위치를 잘 몰랐다. 료칸 주인에게 물어보니 과거에는 증류소를 찾는 손님들이 꽤 있었지만 이제는 그렇지 않아 자기도 정확한 위치를 잘 모르겠다고 한다. 무슨 말인지 이해되지 않았다. 나중에 확인해보니, 내 짧은 일본어 실력 때문에 그분의 말을 정확하게 이해하지 못한 탓이었다. 적어도 그날 아침, 나는 그분에게 무척 실망했다. 이럴 때는 우왕좌왕하지 말고 첨단 기술의 도움을 받아야 한다. 나는 재빨리 구글 맵을 켜고 표시를 따라 걸었다. 꿈에 그리던 유적지는 우습게도 료칸의 3백 미터 뒤쪽에 있었다. 바로 미요타초 사무소 건물이 서 있는 곳이었다. 사무소 입구에는 낡은 증류기가 떡하니 자리 잡고 있었다. 그저 그뿐, 전설의 위스키 증류소가 연출할 만한 근사한 풍광과 숙성 창고를 포함한 멋진 설비들이 전혀 보이지 않았다. 한참을 두리번거리며 사무소 건물 뒤쪽까지 모두 살펴보았다. 하지만 이곳이 가루이자와 증류소의 옛터라는 안내판과 함께, 작은 지방자치단체가 쓰기엔 터무니없이 커다란 건물만 위압적으로 서 있었다. 입구의 증류기는 1960년대 스팀펑크 애니메이션에서 등장할 듯한 모습이었다. 단순하면서도 개성이 뚜렷한 가루이자와 증류기는 멋진 공학의 산물이자, 전설의 위스키가 만들어진 심장이었다. 나는 되도록 천천히 조심스레 증류기를 살피고 만지고 바라보고 사진을 찍었다. 이제는 사라진 전설에게 나름의 방식으로 최상의 경의를 표한 셈이다.

가루이자와 위스키가 훌륭했던 이유는, 여러 가지 설이 있지만, 크게 두 가지로 볼 수 있다. 첫째, 그 시대에 일본에서 가장 뛰어난 요이치余市 위스키의 몰트 원액을 구입해서 사용했다. 이게 비법이라니 좀 허무하지만, 뭐 그럴 수도 있다. 그때는 싱글 몰트 위스키가 없었고 블렌디드 위스키가 주류였기 때문이다. 음식점으로 치면 신선하고 맛있는 재료를 구해와서 어떻게 잘 요리하느냐가 관건이었던 셈이다.

둘째, 부재료의 수급이다. 당시 일본은 외화 부족으로 농산물 수입이 엄격히 금지되어, 위스키 당화에 꼭 필요한 몰트를 충분히 수입할 수 없었다. 더욱이 신생 증류소인 가루이자와는 위스키 카르텔로 꽉 짜인 일본 몰트 공급망에 낄 수 없었다. 초기에 고전하던 가루이자와 증류소는 몰트를 대신할 다른 곡물들을 사용했다. 그런데 이게 오히려 전화위복이 되었다. 가루이자와 특유의 풍부하고 진한 맛이 탄생한 것이다. 더불어 가루이자와 증류소는 간접적으로 관계를 맺고 있던 아지노모도사가 MSG 생산의 원재료로 비축해둔 옥수수를 마음껏 사용할 수 있었다. 즉, 블렌디드 위스키에 꼭 필요한 그레인 위스키를 원하는 만큼 생산할 수 있었다. 이로써 가루이자와 위스키는 큰 날개를 단 셈이었다.

18세기에 종주국 영국이 몰트에 과중한 세금을 매기자 아일랜드에서는 몰트와 다른 곡물을 섞어서 위스키를 만들었다. 결과적으로 오늘날 풍부한 맛의 아이리시 위스키가 만들어진 이유였다. 가루이자와도 마찬가지였다. 역경은 도전하는 자에게 성취를 선물해주는 법이다.

가루이자와 위스키가 대중적으로 유명해진 데는 또 다른 스토리텔링이 있다. 일본 천황 아키히토가 왕세자이던 시절, 가루이자와 지역 왕실 휴양지에서 휴가를 보낼 때였다. 가루이자와 증류소는 왕세자에게 위스키를 선물로 보냈고, 왕세자는 그 맛에 빠지고 말았다. 왕세자는 위스키를 더 보내달라고 주문했고, 이 소문은 순식간에 널리 퍼져나갔다. 가루이자와 위스키의 '인생 역전 스토리'는 왠지 기시감이 든다. 영국 찰스 3세가 왕세자이던 시절, 경비행기를 몰고 가다가 비행기 고장으로 아일라섬에 불시착했다. 넘어진 김에 쉬어 간다고, 찰스 3세는 그 길로 라프로익 증류소를 방문했다가 대번에 위스키 맛에 반하고 말았다. 그러고는 곧장 왕실 지정 상품 자격을 부여했다는 이야기다. 두 스토리는 꿰맞춘 듯 똑같다. 하지만 이를 백 퍼센트 믿을 만큼 나는 순진하지 않다. 그저 많은 이들이 자기 자리에서 참으로 열심히 일하고 있구나, 생각할 뿐.

우리는 소중한 존재를 때때로 망각하고 살아간다. 막상 소중한 존재를 떠나보낸 후, 그제야 무엇을 잃었는지 깨닫기 시작한다. 가루이자와 위스키만큼 풍성하고 균형 잡힌 맛과 향은 이제 다시 만나기 힘들 것이다. 존재하지 않기에 더 아름다울 수도 있지만, 그 완성도는 분명 절대적으로 훌륭했고 그 시절의 경쟁자들이 만들어낸 조악한 위스키보다 상대적으로 뛰어났다. 가루이자와 위스키는 한동안 독보적인 지위를 뽐냈다. 일본 최초로 구리 증류기를 사용했고, 다양한 그레인 위스키도 마음껏 만들어 블렌딩했다. 하지만 그들만의 우월감이 너무 컸다. 그들이 좀 더 시장에 다가갔더라면, 좀 더 많은 사람에게 알렸더라면 달라진 결과를 얻었을까? 아니면 천재를 알아보지 못한 세상의 잘못을 탓해야 할까? 피카소 같은 예외를 제외하고는 예술가들이 생전에 인정받은 경우가 별로 없지 않은가 말이다. 가루이자와 증류소는 내게 여러 가지 생각과 감정을 불러일으켰다.

　　십수 년 전 도쿄 어느 바에서 마셨던 마지막 한 잔의 기억이 이제는 어슴푸레하다. 묘한 나무 냄새와 바다 냄새가 뒤섞인 진한 맛이지만 거기엔 무언가가 더 있었다. 아니, 있어야만 했다. 내가 우연히 마셨던 가루이자와는 80년대에 생산된 산라쿠 오션三樂 Ocean 위스키였다. 알코올 도수가 35도라서 스코틀랜드 기준으로는 위스키가 아니지만, 파티 피플로 불리던 그 시절 일본 버블 세대에게는 잘 맞았을 것이다.

폐허 위에 다시 꽃은 피고

가루이자와는 일본 경제의 버블이 꺼지자 신기루처럼 함께 사라져버렸다. 2001년 가루이자와는 마지막 불꽃처럼 위스키 업계의 권위 있는 품평회인 IWSC(International Wine & Spirit Competition)에서 금상을 수상했다. 하지만 몇 년 후 기린으로 넘어가며 그 빛이 모두 사라지고 말았다. 더욱 슬프게도 당시 기린이 가루이자와 증류소를 인수하기는 했지만, 이미 다른 위스키 증류소를 키우겠다고 결정한 상태였다. 그들은 다른 경쟁 업체가 가루이자와를 인수해서 위스키를 생산하는 것을 막으려고 했을 뿐, 운영에는 관심이 없었다. 기린은 가루이자와를 매입한 후 곧바로 해체를 결정해버렸다. 부지와 설비를 헐값으로 매각했는데, 다행히도 쓸 만한 증류기 한 대는 시즈오카静岡 증류소로 넘어갔다. 이 증류기는 현재까지 생산을 계속하고 있다. 가루이자와 증류기로 만들었다는 점을 마케팅 포인트로 강조하지만, 이제는 더 이상 가루이자와의 DNA가 흐르지 않으니 가루이자와라 부를 수 없다고 나는 생각한다.

기린이 매각할 당시 숙성 창고에는 원액이 쌓여 있었는데, 기린이 자기네 블렌디드 위스키에 섞어 쓰려고 했다. 하지만 마니아들의 간청으로 매각했는데, 이후 그 원액 가격이 엄청나게 올라 이를 매입한 회사는 떼돈을 벌었다. 기린에서 증류소까지 없애버린 탓에 원액은 더욱 희소가치 프리미엄을 누렸다. 증류소 부지도 단돈 5백만 엔에 팔아버린 기린의 그 임원이 원

가루이자와 증류소의 마지막 흔적인 증류기가
미요타초 사무소 앞에 덩그러니 서 있다.

주原酒를 특별히 더 비싸게 팔지는 않았을 테니, 그 임원의 안위
가 궁금하다. 부디 잘 살아남으셨기를 바란다. 가루이자와는 일
본 버블시대의 아이콘이었고, 버블의 종말과 함께 그 생을 마감
했다. 만약 위스키 세계에 명예의 전당이 있다면, 가루이자와는
아마도 유일하게 헌정될 동양의 위스키일 것이다.

    아쉬움을 안고 폐허가 된 증류소를 떠나기 전에 멀리서
라도 가루이자와 증류소 전체 풍경을 제대로 보고 싶었다. 미
요타초 사무소 뒤를 크게 돌아서 한참을 걸어가니 커다란 공원
이 나왔다. 살짝 들여다보니 자그만 샛문이 있어서 홀린 듯 따

                                  4부 일본 위스키

라 들어갔다. 맙소사, 여기가 바로 옛 가루이자와 증류소가 진짜로 서 있던 곳이었다! 그 폐허 일대는 이제 말끔히 단장한 공원과 작고 아름다운 카페와 레스토랑, 갖가지 상품을 파는 근사한 가게들이 어울려 힙한 공간으로 재탄생해 있었다. 가루이자와의 옛 자리에는 대표적인 생활용품 명품 가게인 '더 콘란 숍'이 운영되고 있었다. 콘란과 가루이자와의 조화는 내게는 조금 낯설었지만, 이 또한 이 시대의 풍경이려니 생각하며 마음속에 고이 담아두었다.

그리고 나는 이제 새롭게 가루이자와 부활 프로젝트가 시작된 다음 목적지로 떠난다. 새로운 가루이자와에 도전하는 사람들을 만난다는 기대를 안고 시나노선 협궤열차의 다음 역인 코모로역으로 향한다. 코모로역에서는 누가 또 나를 기다리고 있을까?

전설의 부활, 코모로
Komoro

실러캔스의 부활

태평양에는 18세기 영국의 제임스 쿡이 처음 발견했다는 섬이 많다. 그중에서 그의 고향인 스코틀랜드 지명을 딴 뉴칼레도니아가 가장 유명하다. 과거 로마제국 시절 카이사르의 뒤를 이어 영국을 정복한 하드리아누스 황제는 잉글랜드 북쪽 경계에 장성을 세우고, 장벽 너머의 땅(스코틀랜드)을 '문명 세계의 바깥'이라는 의미로 칼레도니아라고 지칭했다. 그러니까 뉴칼레도니아는 '새로운 문명 세계 바깥의 섬'이라는 뜻이다. 지금은 프랑스령이 되어 누벨칼레도니로 불린다.

인도양에도 비슷한 섬이 있는데, 모잠비크와 마다가스

아사마산의 전설을 다시 부활시키기 위해 설립된
코모로 증류소의 숙성 창고.

카르 사이에 위치한 작은 코모로제도이다. 그 일대는 살아 있
는 화석 물고기 실러캔스가 서식하는 곳으로도 유명하다. 코모
로제도는 기구한 역사를 거치며, 현재 독립국 코모로연방과 프
랑스령 코모로로 나뉘어 있다. 황량한 역사와는 달리, 코모로
제도는 다양한 생태계와 아름다운 자연환경으로 여행자를 황
홀경에 빠뜨린다.

　　코모로섬의 빛나는 산호초 같은 느낌의 푸른 위스키가
일본 코모로에서 새롭게 만들어진다는 소식을 들었다. 코모로
小諸 증류소에서 가루이자와 증류소 부활 프로젝트가 진행 중

이라는 것이다. 코모로 증류소는 최근 완공되어 이제 막 뉴 스피릿new sprit(숙성 전 위스키 원액)을 생산하기 시작했다. 아직 숙성을 마친 위스키가 출하되지 않은 신생 증류소이다. 하지만 이곳은 위스키가 나오기 전부터 특별한 제조와 숙성 방식으로 세계의 관심을 받고 있다. 누가, 왜, 어떻게 가루이자와를 다시 만들려는 것일까? 인도양 코모로가 아닌 일본 코모로에서 정말 살아 있는 화석과 같은 전설의 가루이자와 위스키를 부활시키고, 문명 세계 너머의 순수한 맛과 향을 다시 찾아낼 수 있을까? 그들의 도전과 실험정신을 직접 확인해보고 싶었다. 가루이자와 폐허 다음 목적지는 자연스레 코모로로 정해졌다. 늦가을 어느 날 오후, 나는 코모로역 앞에서 꿈의 장소로 나를 데려다줄 누군가를 기다리고 있었다.

코모로 증류소의 첫인상

나가노현 미요타역에서 시나노선 세 칸짜리 협궤열차를 타고 두 정거장을 더 가면 코모로역에 도착한다. 코모로역에 도착하니 누군가가 피켓을 들고 픽업을 나와주었다. 이런 시간과 장소에서 당연히 손님은 나 혼자뿐이었고, 픽업 나온 증류소 직원과 이런저런 이야기를 나누었다. 증류소 직원은 일본어도 제대로 못하는 한국인이 나가노의 시골에, 아직 완성품도 생산하지 못한 신생 위스키 증류소를 찾아온 이유가 궁금

코모로역으로 가기 위한 시나노선 로컬 협궤열차.
빨간색 기차가 이국적이다.

했는지 이것저것 물어보았다. 나는 이번에 계획한 여행 일정과 전날 가루이자와 증류소의 폐허에 갔던 이야기를 들려주었다. 그러고는 가루이자와 위스키의 부흥을 이끌고 있는 코모로 증류소의 현재와 미래를 보고 싶다고 했다. 증류소 직원은 진심으로 좋아하며 이곳까지 찾아온 나의 열정을 응원해주었다. 신생 증류소인지라 직원들도 그리 많지 않을 텐데 한 명의 방문객을 데리러 와주고, 증류소에 대해 자긍심을 가지고 설명하는 모습을 보고 나도 기분이 참 좋았다.

　　증류소에 도착하니 관리자처럼 보이는 기품 있는 여성이 마중 나와주었다. 나는 이곳 증류소 투어를 마치고 바로 밤 기차로 가나자와까지 움직여야 했기에 여행 가방을 미리 안내 데스크에 맡겼다. 그리고 투어가 끝난 뒤 신칸센 탑승역까지 태워달라고 부탁했다. 그러자 가만히 지켜보던 기품 있는 여성이 직원들에게 여러 가지 지시를 해주었다. 덕분에 가나자와로 돌아갈 준비가 말끔하게 정리되었다. 이제 마음 편하게 코모로 증류소의 새로운 도전을 보고 즐길 일만 남았다. 그때는 이 여성이 누구인지 몰랐지만 친절한 배려가 참 고마웠다. 나중에 알고 보니 증류소의 CFO였다. 거대한 규모의 조직과 시설을 이끄는 증류소 CFO가 현장에 나와서 고객을 맞이하는 모습에서 회사의 밝은 미래를 예견할 수 있었다.

카발란 마스터 디스틸러의 새로운 도전

일본인들에게 코모로 지역은 인근 아사마 산장 인질 사건으로 유명하다. 이는 1972년 일본 적군파 학생운동의 정점에서 일어난 사건이다. 매우 과격했던 일본 학생운동 세력은 1960년대 일본 도쿄대 강당 점거 사건이나, 대한항공기 납북 사건 등으로 위세를 떨쳤다. 그러다가 아사마 산장 인질 사건의 실패 등으로 1970년대 이후 쇠락의 길을 걷게 된다. 적군파의 사나운 위세는 이제 사라졌지만, 아사마산의 깊고 넓은 위세는 여전하다. 아사마산은 맑은 물이 샘솟는 곳으로 유명하며, 가루이자와 위스키의 토대가 된다. 그래서 코모로 증류소도 아사마산의 영광을 재현하자는 모토로 시작했다고 한다.

코모로 증류소를 깊이 이해하려면 창업자 시마오카 코지, 그리고 대만 위스키의 전설인 카발란Kavalan 위스키의 초대 마스터 디스틸러였던 이안 창, 두 사람의 협업 스토리를 먼저 알아야 한다. 이야기는 이렇게 시작된다. 창업자 시마오카 코지는 원래 시티은행의 투자 전문가로 20여 년을 근무했다. 그 당시 가루이자와에 20여 년을 거주하면서, 낡은 여관을 인수하여 새롭게 부흥시키는 프로젝트에 참여해서 대성공을 거두었다. 시장과 고객의 취향을 정확히 파악하고 시의적절하게 제공한 결과였다. 이곳은 일본 각지의 사람들이 즐겨 찾는 가루이자와의 명소가 되었다. 이후, 그는 평소 좋아하던 가루이자와 위스키를 부흥하는 일에 착수했다. 부창부수랄까? M&A 전문가였던 부인도 흔쾌히 남편의 프로젝트에 참여하여 초기 펀딩과 운영에 큰 역할을 했다. 바로 내가 코모로 증류소에서 만난 그 CFO이다.

증류소를 세우기는 했지만, 정작 중요한 문제는 이제 시작이었다. 가루이자와 위스키의 명성을 계승할 증류소의 최고 제조 책임자를 찾아야 했다. 시마오카는 놀랍게도 카발란 위스키의 마스터 디스틸러 이안 창을 그 자리에 앉히는 데 성공했다. 아무리 생각해도 이해가 가지 않는 조합이다. 당시 이안 창은 이미 위스키 업계에서 슈퍼스타였다. 만약 카발란을 떠나기로 했다면 더 크고 유명한 글로벌 주류회사들이 그를 모시기 위해 경쟁이 대단했을 것이다. 하지만 그는 성공조차도 불확실한 일본 시골의 작은 증류소로 발걸음을 돌렸다. 무엇보다도 카발란의 상징이자 아이콘인 이안이 자신의 분신 같은 카발란을 떠나기로 결정한 것부터가 대단한 사건이었다.

코모로에 방문했던 그날, 나는 갑작스럽게 이안과 처음 대면할 수 있었다. 그는 티셔츠 바람으로 헐레벌떡 증류기 옆으로 들어왔다. 생각보다 젊은 모습에 놀랐고, 격식이나 지위 따위는 안중에도 없이 증류소에 대한 애정과 열정이 넘쳐나는 모습에 또 한 번 놀랐다. 그동안의 모든 성취를 과감히 버리고 낯선 곳에서 새로이 도전하는 그에게서 거장의 풍모가 느껴졌다. 만약 내가 그만 한 성공을 거두었고 또 그만큼 잃을 것이 많은 사람이라면 이런 새로운 시도를 할까? 쉽게 답을 내기 어렵지만, 나 또한 깊이 고민하고 최선의 선택을 했을 것이다. 나는 단 한 번 짧은 만남에 그의 팬이 되었다. 거장의 그 결정을 존중하고, 좋은 결과로 이어지기를 기원한다. 시마오카가 어떤 구체적인 제안으로 이안을 설득했는지는 두 사람만의 비밀이겠지만, 위스키에 대한 순수한 열정이 서로를 끌어당기지 않았을까 짐작해본다.

코모로 증류소는 초기에 그야말로 고난의 가시밭을 걸어야 했다. 전 세계를 휩쓴 코로나 팬데믹과 우크라이나전쟁 등으로 인해 이안의 일본 입국마저 불가능한 상황이었다. 그럼에도 시마오카와 이안은 긴밀한 커뮤니케이션과 협업으로 우여곡절 끝에 증류소를 완공하고 생산 공정에 들어가게 되었다. 오늘에 이르기까지 지방정부의 전폭적인 지원도 빼놓을 수 없다. 날개를 단 시마오카와 이안 창이 앞으로 어떤 행보를 보여줄지 잔뜩 기대해보자.

코모로 증류소는 놀라우리만큼 아름다웠다. 어쩌면 이런 시골에 이토록 멋들어지게 어울리는 증류소가 들어섰을까, 의문이 들 정도였다. 아사마산 기슭의 풍광도 훌륭했지만, 깊은 숲속에 자리 잡은 증류소는 자연 친화적이어서 건물 자체에서 피톤치드가 뿜어나오는 듯했다. 여기에 청결한 현대식 설비까지 잘 어우러져서 그야말로 한 폭의 그림이었다.

제조 공정은 나중에 보기로 하고, 먼저 와 있던 일본인 투어 팀과 함께 위스키 숙성 창고에 들렀다. 숙성 창고는 해발 910미터에 위치했는데, 숙성 창고로 가는 길은 아름드리나무와 새소리가 반겨주어 발걸음조차 가벼워졌다. 이제 막 생산을 시작하여 두 번째 숙성 창고를 채우는 중이라 많은 것을 볼 수는 없었지만, 아사마산의 싱그러운 가을 공기를 느낀 것만으로도 충분히 만족스러웠다.

숙성 창고에서는 역시나 엔젤스 셰어Angels' Share 이야기가 빠지지 않았다. 그리고 엔젤스 셰어의 비밀을 잘 활용하는 증류소답게 숙성 창고의 천장 조명을 동그란 엔젤스 링으로 위트 넘치게 장식한 점도 멋져 보였다. 나는 통역해주던 젊은 직원에게 스코틀랜드 증류소 직원들이 위스키를 몰래 조금씩 빼돌린다는 데빌스 셰어Devils' Share 이야기를 들려주었다. 그러자 여직원이 깜짝 놀라며 방긋 웃었다.

뒤이은 증류소 투어에서는 시작부터 로비의 커다란 통유리 너머로 한 쌍의 구리 증류기를 중심으로 하는 모든 생산 과정을 볼 수 있었다. 증류소에서는 일반적으로 생산 효율을 위해 1차 증류기는 크게 만들어서 대량으로 로우 스피릿을 뽑아내고, 이를 2차 증류기에 넣어 더욱 진한 하이 스피릿을 뽑아낸다. 하지만 이곳은 그런 상식을 완전히 벗어나 있었다. 1차 증류기를 2차 증류기보다 작은 용량으로 만들어, 증류 사이클을 짧고 연속적으로 가져갔다. 이렇게 하면 비록 비용이 더 들지만 품질이 혁신적으로 개선된다고 했다. 이와 더불어 이안의 강점인 다양한 캐스크의 활용으로 맛에 힘을 불어넣고 있었다. 고온 다습한 대만과는 완전히 다른 기후환경에서 이안이 완전히 새로운 무엇인가를 만들어낼 것 같은 느낌이 들었다.

생산 과정을 모두 둘러본 후, 증류소 로비로 돌아오니 가운데에 U 자형으로 만들어진 멋진 바가 반겨준다. 보타이를 맨 느낌 있는 바텐더가 만들어준 시트러스citrus 칵테일을 한잔 기울이면서 구릿빛 포사이스Forsyths 증류기 한 쌍을 바라보는 재미가 쏠쏠하다. 반대편 통유리 너머로는 가루이자와의 푸른 숲이 끝없이 이어져 싱그러운 공기가 증류소 곳곳에 입혀진 것 마냥 맑은 느낌이다.

투어가 끝나고 이곳 위스키 아카데미에서 진행하는 강

1차 증류기(wash still)보다 큰
2차 증류기(sprit still)가 있는 코모로 증류소.

좌를 들었다. 내가 선택한 과목은 'Art of Maturation(숙성의 미학)'. 마스터 디스틸러 이안 창의 숙성 기술의 비밀을 조금 엿볼 수 있을까 싶어 내심 기대가 컸다. 강좌는 심도 깊은 내용이라 영어 통역이 고참 직원으로 새로 배치되었는데, 내가 일본에서 증류소 투어를 다닌 이래로 가장 호사로운 시간이었다. 원래는 일본어로 진행되는데, 아마도 그 CFO가 신경을 써준 듯했다. 강의를 들으면서 이들의 철저한 사업가 정신을 엿볼 수 있었다. 이들은 처음부터 증류소 견학과 투어를 염두에 두고 막대한 비용을 들여 자연 친화적이면서도 최첨단 시설의 증류소를 건설했으며, 더불어 견학 관련 시설과 콘텐츠까지 철저하게 준비했다. 연간 10만 명 이상의 방문객을 유치할 계획이라고 한다.

가루이자와 위스키의 영광을 재현한다는 것은 단순히 과거를 그대로 복제하는 것이 아니다. 그럴 수도 없고, 그리해서도 안 될 것이다. 아사마산의 맑은 물과 코모로만의 떼루아를 잘 활용하여 단순한 복제가 아닌, 과거를 넘어서는 새로운 위스키를 새로운 방식으로 만들어내기를 그들의 팬으로서 진심으로 응원한다. 조만간 마시게 될 새로운 생명의 물을 기대하며, 나는 호쿠리쿠 신칸센 야간 열차를 타기 위해 사쿠다이라역으로 향했다. 사쿠다이라역까지 태워준 직원과 이동하는 30분 동안 내내 위스키에 관한 유쾌한 대화를 나누었다. '오늘 내리는 비는 내일의 위스키'라는 스코틀랜드 속담처럼 이들의 모든 노력이 좋은 결과로 이어지기를 바란다.

일본 위스키의 시작, 야마자키
Yamazaki

산 넘고 바다 건너 그곳에 서다

몇 해 전부터 한 번쯤 꼭 가보고 싶었으나 사정이 여의
치 않아 차일피일 미루기만 했던 그곳을 마침내 방문하기로 결
심했다. 바로 일본 위스키를 대표하는 아이콘 야마자키山崎 증
류소다. 야마자키 증류소를 착공한 1923년을 일본 위스키의 시
발점으로 삼을 정도이다. 교토 인근 야마자키시에 위치한 일본
최초의 증류소로, 위스키를 사랑하는 사람이라면 누구나 일생
에 한 번쯤은 방문하고 싶어 하는 꿈의 장소이다. 최근 들어 급
격히 몸값을 올리고 있는 야마자키 위스키의 명성을 결정하는
그 맛과 향, 만듦새는 일본인 특유의 장인정신과 어우러져 이

일본 최초의 위스키 증류기.
1924년 일본 위스키 선구자 타케츠루의 설계로 만들어졌고
이제는 야마자키 증류소 입구를 지키고 있다.
여기서부터 일본 위스키 백 년의 역사가 시작되었다.

미 위스키의 원조인 스코틀랜드나 아일랜드의 그것을 넘어섰
다고 해도 과언이 아니다. 짧은 연휴가 생기자 나는 충동적으
로 마일리지를 이용해서 인천-간사이 왕복 티켓을 예약해버렸
다. 그다음 일어날 일은 어떻게든 해결되겠지.

　　지금은 많이 개선되었겠지만, 그 당시 외국인이 야마자
키 증류소를 방문하려면 쉽지 않은 절차를 거쳐야 했다. 일단
홈페이지의 증류소 투어 예약 부분이 일본어로 되어 있고, 투
어도 일본어로만 진행된다. 이 투어를 예약하려면 홈페이지에
서 상당히 복잡한 경로를 거쳐야 하는데, 어느 정도 일본어를

알고 있는 나로서도 접근하는 데 애를 먹었다.

그렇지만 형식적인 예약비 천 엔을 내고서 예약하는 데까지 성공하면 융숭한 대접을 받으며 위스키를 배우고 느낄 기회가 제공된다. 또한 증류소 투어 프로그램을 마치고 나면 덤으로 야마자키나 하쿠슈白州의 같은 귀한 고숙성 위스키를 시중보다 훨씬 싼 가격으로 시음할 수 있다. 물론 일반 위스키의 무료 시음도 몇 잔 포함되어 있으니, 사실 이것만으로도 충분하다. 그러니 어렵고 힘들어도 충분히 예약할 만한 가치가 있었다.

지금은 증류소의 방문 자체가 아예 추첨제로 바뀌어 운이 따라야 방문할 수 있다. 그 당시에도 주말에는 증류소 투어 예약이 꽉 차 있어 나처럼 충동적으로 예약하기란 사실상 불가능했다. 하지만 다행히 내가 투어를 예약한 날은 3월 1일, 일본에서는 평일인 덕분에 예약에 성공할 수 있었다. 일본에서는 삼일절이 국가적으로 기념할 날은 아닐 테니까.

우여곡절 끝에 출발한 그날따라 기상 상황이 좋지 않았다. 심한 흔들림 끝에 항공기는 간사이공항에 어렵사리 착륙했다. 매립지 위에 세워진 탓에 처음부터 논란에 휩싸였던 이 공항은 엄청난 건설비 때문에 활주로 사용료가 비싸서 취항하는 항공사들도 골칫거리이다. 해마다 매립지 지반 침하를 막기 위한 공사비도 많이 들고, 강풍이 잦아 관제탑은 이착륙하는 항공기를 쉴 새 없이 밀착해서 컨트롤해야 한다. 강풍은 항공기 이착륙의 어려움뿐만 아니라 공항과 도심을 연결하는 공항철도 운행에도 문제를 일으킨다. 본토와 공항을 연결하는 철교의 안전 문제 때문이다.

　　내가 간사이공항에 도착한 날이 하필 그런 날이었다. 공항에서 오사카 시내를 경유하여 교토역까지 운행하는 공항철도 하루카가 강풍으로 운행하지 않는다는 것이다. 그날 오후 바로 증류소를 가야 하는 나로서는 비상사태였다. 리무진 버스로 이동하기에는 시간이 너무 오래 걸리는 거리였다. 이번 여행의 의미가 속절없이 사라질 위기였다. 나는 곧장 플랜 B를 가동해서 아슬아슬하게 위급 상황을 해결했다. 혹시 하루카를 못 탈 경우를 대비해서 미리 파악한 버스 시간표와 공항 내 최단 경로로 리무진 버스를 탈 수 있었다. 다행히 예비 시간을 30분 정도 포함해둔 덕분에 예상보다 빨리 교토역에 도착해서 여유 있게 호텔 체크인까지 마쳤다. 오후 2시쯤, 나는 약간은 서늘한 초봄 냄새를 맡으며 야마자키 증류소로 혼자 걸어가고 있었다.

　　투어 이후, 귀한 위스키 앞에 약해진 나는 야마자키 25년과 하쿠슈 25년을 한 잔씩 시음하고 나왔다. 매우 훌륭한 맛과 향, 그리고 밸런스를 보여준 걸작이었지만 솔직히 하늘에서 천사가 내려와 내 귀에 하프 소리를 들려주는 정도는 아니었다. 위스키는 그저 위스키일 뿐, 내 삶의 모든 것을 결정하는 주인공은 결국 나인 것이다.

　　만약 운 좋게 아침 첫 시간대에 증류소를 방문할 수 있다면, 투어를 마친 후 바로 증류소에서 그날 판매용으로 나온 한정된 위스키나 기념품을 살 수 있다고 한다. 나는 마지막 투어 시간을 겨우 예약해서 오후 늦은 시간에 증류소 투어를 마치고 나왔으니, 역시나 진열대는 텅 비어 있었다. 그저 산토리가 인수한 짐 빔Jim Beam 같은 몇몇 버번만이 진열대에 덩그러니 남아 있었다.

하지만 내게 그런 것은 중요하지 않았다. 야마자키 증류소를 꼭 방문하고 싶던 이유는 따로 있었기 때문이다. 스코틀랜드와 지구 반대편에 위치한 곳에서, 도대체 어떻게 그토록 완성도 높은 위스키를 만들 수 있었을까? 나는 그 비밀을 알고 싶었다.

〈맛상〉 이야기

야마자키 증류소는 일본 위스키의 대부인 토리이 신지로와 타케츠루 마사타카, 두 사람의 합작품이다. 일본 위스키 백 년의 역사를 압축한 키워드라고 해도 과언이 아니다. 위스키 불모지인 아시아의 끝에서 아무도 알려주지 않은 길을 독학으로 깨우치고 이뤄낸 기적이다.

10년 전쯤 NHK에서 방영한 마사타카의 일대기를 그린 드라마 〈맛상〉이 엄청난 인기를 끌면서, 일본 위스키는 세계적인 광풍을 일으켰다. 당시 소득 증가의 변곡점에 서 있던 한국과 중국을 비롯한 해외에서의 수요가 빗발쳐 야마자키와 하쿠슈는 간헐적으로 발매 중단과 출하를 반복할 정도였다. 특정한 제품에 대해 전 세계 사람들이 이토록 집착하는 신드롬은 꽤 드문 일이다. 게다가 도쿄올림픽을 눈앞에 둔 일본에서 위스키가 수요 경향이 일어 이 사태에 불을 붙였다. 그 시기 일본 위스키, 특히 야마자키 위스키 광풍에 대한 논쟁은 전문가에게 맡겨두자. 우리는 그냥 재미있는 에피소드와 후일담을 가볍게 즐기면 될 일이다.

두 사람의 이야기는 고용주와 전문가의 관계로 시작했다. 토리이는 타케츠루의 장인정신을 전폭적으로 신뢰하고 밀어주었다. 토리이의 사업적 혜안이 돋보이는 지점이다. 다만 타케츠루의 위스키 철학을 조금만 더 인정해주어 갈라서지 않고 끝까지 함께했더라면 더 많은 이들을 훌륭한 위스키로 행복하게 해주지 않았을까? 하지만 이런 가정을 하기에는 두 사람의 지향점이 서로 너무 달랐다. 토리이는 더 많은 사람이 즐기는 대중적인 위스키를 선호했고, 타케츠루는 스코틀랜드식 전통 위스키를 지향했다. 두 사람은 그야말로 애증의 관계였으며, 언젠가 헤어질 운명이었다. 토리이와 타케츠루는 일본 위스키 백 년의 출발을 열었지만, 하나의 강에서 두 마리의 용이 있을 수 없는 법이다.

토리이는 자기애가 넘쳐서 자기 이름 앞에 태양을 의미하는 영어 sun을 붙여 회사 이름을 만들었다. 즉, 산토리Suntory

이다. 토리이와 결별한 타케츠루는 닛카를 설립해서 오직 원조 스카치 위스키를 넘어선 위스키를 만들겠다는 일념으로 매진한다. 이후 두 사람은 각자의 방식대로 일가를 이루며 일본 위스키의 위상을 한껏 끌어올렸다.

두 사람의 관계는 니콜라 테슬라와 토머스 에디슨의 관계와 매우 유사하다. 테슬라는 에디슨 연구소의 연구원이었다. 하지만 에디슨은 테슬라의 천재성을 경계해서 일부러 무시하기 일쑤였다. 결국 테슬라는 에디슨 연구소를 나와 자신만의 길을 걸었으며, 이때부터 두 사람은 평생에 걸친 경쟁과 협력 관계를 형성한다. 이를 통해 두 사람은 마침내 전기산업의 양대 산맥으로 우뚝 선다. 두 사람의 전류 전쟁은 대하드라마가 되고도 남을 만큼 흥미롭고 장대한 이야기이다.

사실 몇 년 전 에디슨과 테슬라 이야기를 다룬 영화 〈The Current War〉가 만들어졌다. 영화는 직류 시스템을 주장한 에디슨과 교류를 주장한 테슬라, 그리고 테슬라를 영입해서 에디슨과 경쟁한 웨스팅하우스, 이 세 사람을 중심에 두고 전기 표준 시스템을 구축하기 위해 벌이는 전쟁 같은 이야기를 보여준다. 에디슨과 웨스팅하우스는 토리이처럼 자기애가 넘쳐났다. 회사 이름을 각각 '에디슨 전기' '웨스팅하우스'로 지을 정도였다. 그래서 더더욱 두 사람은 서로에 대한 경쟁 심리가 아주 심했다. 훗날 에디슨은 웨스팅하우스와 경쟁에서 패배한 책임을 지고, 웨스팅하우스는 경영을 제대로 하지 못해서, 자기 이름을 내건 회사에서 물러나야 했다. 괴팍한 성격의 테슬라는 오직 연구에만 빠져 지냈으며 숱한 오컬트적인 에피소드를 남기고 역사의 뒤안길로 퇴장했다.

20세기에는 당연히 GE의 창립자로서 에디슨의 지명도가 훨씬 높았지만, 일론 머스크 덕분에 전기차 브랜드로 알려진 테슬라는 21세기에 들어와 에디슨보다 더 유명해졌다. 어쨌거나 두 사람의 경쟁이 전기산업의 혁신과 확장에 크게 기여한 점은 분명하다. 토리이와 타케츠루의 경쟁 또한 산토리와 닛카 위스키의 대결로 전체 시장의 파이를 한껏 키웠다. 이는 시장경제에서 반드시 필요한 경쟁이고, 마침 두 영웅의 흥미로운 서사까지 곁들어진다면 금상첨화이다. 참고로, 테슬라의 고향인 세르비아(구 유고슬라비아) 수도 베오그라드의 공항 이름은 니콜라 테슬라 국제공항이다. 에디슨 이름을 딴 공항은 없으니 21세기의 승자는 테슬라인 것 같다.

교토 위스키 바의 단골손님 되기

교토에는 '이치겐상'이란 말이 있다. '한 번 본 뜨내기'라는 뜻으로 내외국인을 가리지 않는다. 과거 일본의 오랜 수도였던 교토인의 자부심과 뜨내기는 상대하지 않겠다는 오만함이 동시에 묻어난다. 실용적인 쇼군 정권이 존재했던 간토 지역의 도쿄, 상인 정신이 주류였던 간사이 지역의 오사카에는 이런 말이 없다. 그들은 돈에 이름이 쓰여 있는 것은 아니라며, 철저히 실용적이다. 교토 외의 지역에서는, 내키지는 않지만, 이런 교토의 프라이드를 일정 부분 인정한다. 일례로, 일본에서는 국립대의 최고봉으로 도쿄대와 교토대를 쌍두마차로 쳐준다. 일본인들은 과거 천여 년간 수도였던 교토의 프라이드에 대해 인정하지만, 동시에 교토의 실용적이지 못한 지점은 비판하기도 한다.

　　교토에 도착한 첫날, 나도 이치겐상을 경험했다. 교토에 오기 전에 서울의 친한 바텐더에게 추천받은 바를 몇 군데 들렀다. 손님이 거의 없는데도 일본어에 서툰 나를 멀찍이 문가 자리에 앉혔다. 바텐더는 영어를 꽤 하는데도 나에게 살갑게 말을 걸지 않고 푸대접했다. 흔히 일본인의 손님에 대한 지나칠 정도의 환대, 즉 오모테나시와는 거리가 상당히 멀게 느껴졌다. '내가 생각한 일본의 바는 이게 아닌데' 하면서 실망했다. 급히 바 순례를 마치고 돌아오는 길에 우연히 들른 동네 밥집에서 노부부의 오모테나시로 그나마 마음이 풀렸다. 이어서 들른 비스트로에서는 주인과 손님이 어울려 언어를 넘어선 즐거운 대화를 나누었다. 이치겐상의 실망감은 눈 녹듯 사라지고 교토에 대한 좋은 추억을 간직할 수 있었다.

　　비스트로에서 만난 옆자리 손님이 교토에서 그런 일을 겪게 해서 미안하다며, 자기가 다니는 단골 바를 예약해주었다. 이튿날 찾아간 그 바의 바텐더로부터 지극한 환대를 받았고, 한국에서는 맛보기 힘든 귀한 위스키를 대접받았다. 그 바의 단골 손님이 되고 싶을 정도였다. 우리나라에서는 단골이 되면 뭔가 서비스를 더 주거나 가격을 깎아주기를 기대하는 경우가 많다. 그건 올바른 단골의 태도가 아니다. 내가 어느 가게의 단골이 되는 이유는 그 가게의 물건이 좋고, 사장의 태도가 마음에 들기 때문이다. 나에게 위안과 즐거움을 주는 가게에는 그만큼의 정당한 대가를 내는 게 맞다. 그게 진짜 단골이 되는 길이다.

우리 아이들이 어렸을 때 일본 외갓집에 가면, 레스토랑을 운영하던 장인은 가게 셔터까지 내리고 멋진 마블링과 육즙이 넘치는 좋은 와규로 손주들에게 스테이크를 해주셨다. 당신의 손주들이지만 자신의 레스토랑에서는 공짜 고객을 용납하지 않았다. 가격을 많이 깎기는 했지만, 어쨌거나 돈을 꼭 내게하셨다. 그 대신 제대로 된 접시에 요리를 내오며 손주들을 깍듯하게 손님으로 대우해주셨다. 아이들도 그 덕분에 제대로 된 테이블 웨어를 갖추고 푸짐한 코스 요리를 즐겼다. 다시는 누리지 못할 사치였다. 지난 30년 동안 처가에 갈 때면 장인이 만들어주신 여러 요리와 내가 면세점에서 사 들고 간 위스키 한잔을 곁들이던 기억이 새록새록하다. 구순을 넘긴 장인은 여전히 유쾌하게 말씀도 잘하시고 요리도 잘하시고 와인 한 잔 정도는 너끈히 받아 드신다. 그런데 최근 건강이 안 좋아져서 걱정이다. 자기 삶의 '장인'인 장인의 단골이 되고 싶으니 부디 오래오래 건강하기를 바랄 뿐이다.

국경과 시대를 초월한 사랑, 요이치
Yoich

사월의 삿포로

오래전 어느 한가한 봄날, 곧 소멸하는 항공사 마일리지로 어디를 갈까 고민하다 문득 한 곳을 떠올렸다. 인기 있는 여행지의 마일리지 항공권은 오래전에 마감되었으니, 이 계절에 남들이 잘 가지 않는 곳을 선택했다. 바로 사월의 삿포로. 삿포로 하면 사람들은 한여름이나 한겨울의 풍광을 떠올리지만, 초봄의 삿포로도 나쁘지 않다. 그늘진 응달에는 아직도 언뜻언뜻 잔설이 쌓여 있고, 서늘한 공기가 콧속으로 봄 내음을 함께 전하는 삿포로의 봄은 고요하고 신비롭기까지 하다. 무엇보다 이곳에는 일본 위스키의 전설인 타케츠루 마사타카가 만든 요이

타케츠루의 부인 리타의 산책로.
아름다운 요이치 전부가 리타의 산책로가 되었다.

치 증류소가 있다. 그러니 내게 다른 선택의 여지는 없었다. 빨리 가서 왜 그가 완벽한 위스키를 만들 최적의 장소로 이곳을 선택했는지 몸으로 느껴보고 싶었다.

목적지를 정하고 항공사 예약 시스템으로 들어가 보니 마일리지 티켓이 비즈니스석뿐이라 잠시 고민했지만, 뭐 어차피 소멸될 마일리지이니 이 기회에 조금 호사를 누리기로 했다. 직전에 받은 인센티브가 있어 좋아하는 브랜드의 미러리스 카메라도 하나 장만한 터라, 이 카메라로 사진을 찍기에는 하늘 맑은 봄날의 홋카이도가 최적이다. 작지만 나를 위한 소비를 한 셈이니 나름대로는 꽤 트렌디한 아재가 된 셈이다.

　샷포로는 도심 한가운데에 마치 연트럴파크처럼 폭이 좁은 오도리공원이 남북을 가르며 동서로 길게 이어져 있다. 겨울이면 이 오도리공원은 눈조각으로 유명한 눈축제의 중심이 되는데, 봄날의 이곳은 아직도 군데군데 지난겨울의 흔적이 희끗희끗 남아 있는 그저 보통의 공원이다. 세상에서 가장 어려운 일이 보통이고 중간이 되는 것이니, 계절에 대한 과한 기대를 접고 가벼운 마음으로 오도리공원을 따라 시내를 걸었다. 걷다가 적당한 보통의 식당이 나오면 보통 사이즈로 적당한 가격의 음식을 시켰고, 빠르지도 느리지도 않게 적당히 먹고, 남들처럼 맥주도 한잔 마시며 그렇게 적당히 샷포로의 첫날을 보냈다. 물론 숙소도 대단한 곳이 아닌 적당한 비즈니스 호텔에서 보통의 방을 잡았다. 정말 특별한 내일을 위하여 그렇게 내 행운을 조금 남겨두었다.

전통과 현대화의 조화

　이튿날, 특별한 하루를 시작하는 JR 하코다테 본선 열차는 계속해서 바다를 따라 달린다. 초봄이지만 요이치 증류소로 가는 길은 꽤나 험난하니 멋진 해안 철도를 상상한다면 오산이다. 회색 구름이 하늘을 뒤덮고, 눈보라가 을씨년스럽게 날리고, 검은 바다는 쉼 없이 일렁인다. 기차역에서 파는 도시락을

요이치 증류소에서는 백 년 전 스코틀랜드에서 하던
석탄 직화 방식으로 증류기를 가열한다.
대부분의 스코틀랜드 증류소들은 이제 전기를 사용하고, 극히 일부 남은
직화 가열 증류소도 석탄이 아닌 석유 버너를 사용한다.

먹으며 차가운 삿포로 맥주 한 캔을 곁들였다. 타케츠루가 처음 요이치로 향하던 날도 이런 풍경이었을까? 그동안 시골 열차는 요이치역으로 조금씩 다가간다.

예전에 일본 위스키의 전설인 야마자키 증류소를 방문한 적이 있다. 그 증류소는 역에서 내린 후 꽤 오래 시골길을 따라 걸어가야 했다. 그 길에서 나는 선선한 초봄의 맑은 공기에 취해 또 다른 거장인 토리이 신지로를 찾아가는 몰입의 과정을

즐겼다. 하지만 요이치 증류소는 요이치역 바로 앞에 있어서 그 과정이 생략되었다. 입구에는 인공미 넘치는 중세풍 성문이 세워져 있어서 살짝 생뚱맞은 느낌이었다. 하지만 장난감 같은 그 성문을 지나니 그제야 내가 상상하던 풍경이 펼쳐진다. 바늘로 찌르면 툭 터질 것만 같은 코발트색 홋카이도의 하늘 아래 하얀 자작나무가 이어진 길을 따라 올라가니, 증류소와 숙성 창고를 비롯한 많은 건물이 단아하게 서 있었다. 타케츠루와 그의 아내 리타의 성격을 보여주듯 깔끔하게 마감된 건물의 외곽선과 명료한 붉은 첨탑의 조화가 아름다웠다. 나는 그들이 함께 위스키를 만들던 그 시공간으로 내 마음속 시계를 되돌려 천천히 음미하면서 발걸음을 옮겼다.

증류소 입구에는 몰트를 훈연하는 연료인 피트가 쌓여 있었다. 타케츠루가 이곳을 선택한 가장 큰 이유는 바로 이곳이 스코틀랜드처럼 피트가 생산되었기 때문이다. 오늘날에는 효율성 때문에 사전에 피트 처리된 몰트를 사용하기에 피트로 직접 몰트를 훈연하는 방식은 과거의 유산이 되었다. 타케츠루가 살아 있었다면 전통 방식을 고집했겠지만, 이제 아사히그룹의 계열사가 되어버린 닛카의 한계이다.

다행히 제조 과정 중에 고집스레 전통을 유지하는 부분도 있다. 증류기 건물로 다가가니 굴뚝에서 흰 연기가 보인다. 이곳에서는 현재 스코틀랜드에서도 볼 수 없는 석탄 직화 방식으로 증류기를 가열하여 위스키를 만들어낸다. 대부분의 증류소는 전기나 증기를 사용하여 증류기 간접 가열 방식을 택하고, 직접 가열하더라도 다른 연료를 사용한다. 하지만 요이치 증류소는 아직도 19세기 증기선처럼 석탄을 직접 태워서 증류기를 가열한다. 더 놀라운 점은 석탄을 공급하는 방식이다. 새파란 제복과 헬멧을 쓴 직원이 증류기 아래쪽 화구에 직접 삽으로 석탄을 퍼서 넣고 있다. 사람의 손으로 한 땀 한 땀 만들어지는 위스키를 꿈꾸었던 타케츠루의 마지막 유산이다. 증류기의 뜨거운 열기는 요이치의 차가운 북풍을 이겨내던 타케츠루의 장인정신일 것이다.

일본 위스키의 뮤즈

타케츠루와 리타의 러브 스토리는 NHK 드라마 〈맛상〉을 통해 알려져서 모르는 사람이 없을 정도다. 참고로 NHK는 1961년부터 '연속 TV 소설'이란 이름으로 해마다 전후기로 나누어 두 가지 드라마를 방영한다. 매일 15분 정도로 짧고 속도감 있게 방영하여 꾸준한 인기를 얻는 프로그램이다. 〈맛상〉도 여기에서 방영되었으며, 1983년에 방영된 〈오싱〉은 아직까지 깨지지 않은 일본 최고 시청률(62.9퍼센트)을 세웠다.

제작사인 NHK는 공영성을 담보하는 차원에서 각 작품마다 지역 한 군데를 배경으로 정한다. 국토를 동서로 나누는 관례에 따라 전반기에는 도쿄에서 제작하여 동일본 지역이 등장하고, 후반기에는 오사카에서 제작하여 서일본 지역이 나온다. 이를 통해 해당 지역을 홍보하는 부수적인 효과를 꾀한 것이다.

타케츠루는 위스키를 제대로 공부하기 위해 스코틀랜드로 유학을 떠난다. 그곳에서 스코틀랜드 여성 리타를 만나 사랑에 빠진다. 양쪽 집안에서는 처음에 두 사람의 결혼을 반대했으며, 보수적인 타케츠루 집안에서 더 심했다. 하지만 타케츠루와 리타는 사랑이 힘으로 모든 난관을 물리치고 결혼했으며, 함께 일본에서 위스키를 만들었다. 타케츠루는 리타의 외로움을 달래주기 위해 스코틀랜드 정취를 느낄 수 있게 요이치 증류소를 만들었다고 한다. 두 사람은 해피엔딩을 맞았지만, 생각해보면 백 년도 더 넘은 옛날 일이 아닌가? 국제결혼을 한 나로서도 그 당시 타케츠루와 리타가 얼마나 힘든 싸움을 거쳤을지 감히 상상이 가지 않는다.

타케츠루는 리타에게 청혼하면서, 스코틀랜드에서 리타와 함께 살겠다고 말한다. 리타는 그의 청혼을 받아들이면서, 일본에서 제대로 된 위스키를 만들고자 하는 타케츠루의 꿈을 위해 함께 일본으로 가겠다고 답한다. 타케츠루가 일본 위스키의 문익점 역할을 할 수 있도록 힘을 보태준 것이다. 리타가 없었다면 과연 타케츠루가 평생토록 위스키에 매진할 수 있었을까? 리타는 일본 위스키의 뮤즈였다. 결국 한 여성의 사랑이 일본뿐만 아니라 전 세계 위스키 시장의 판도를 바꾼 셈이다. 사람들은 저마다의 꿈이 있지만, 누구나 그 꿈을 응원해 주는 뮤즈를 만날 수는 없다. 그런 점에서 타케츠루는 엄청난 행운아이다. 나 같은 보통 사람은 꿈을 꾸는 것이 먼저일까, 뮤즈를 찾아 나서는 것이 먼저일까? 요이치로 가는 해안 철도의 그 폭풍우 속에서 언뜻 타케츠루의 뮤즈가 보였던 것 같기도 하다. 나의 뮤즈는 서울의 집에서 나를 기다리고 있으니.

　　　타케츠루 곁을 지키던 리타는 아쉽게도 이른 나이에 사망한다. 그녀의 이른 죽음은 타케츠루에게 큰 충격이었다. 리타가 죽은 이듬해, 타케츠루는 그녀에 대한 깊은 사랑을 표현하기 위해 길고 아름다운 목선이 특징인 위스키, 슈퍼 닛카Super ニッカ를 만들었다. 닛카의 모든 위스키 중에서 가장 향기롭고 우아하다고 느끼는 건 그저 선입견 때문일까? 홈페이지의 슈퍼 닛카 소개란에 나오는 마지막 구절이다. '자신의 가슴속에 사랑이라고 불러야 할 감정이 숨 쉬고 있음을 느낄 수 있다.'

나만 알던 요이치를 떠나보내며

　　　증류소에는 놀랍게도 요이치 위스키가 없었다. 드라마 방영 이후 수요가 급증해서 만드는 족족 불티나게 팔려나가기 때문이다. 요이치의 인기가 하늘을 찌를 듯 폭증하면서 위스키 수요에 대응하느라 출하와 중단을 반복하다가, 결국 지금은 숙성 연수를 표기하지 않은 위스키를 내보내고 있다. 충분히 숙성된 원액을 만들 리드 타임이 도저히 확보되지 않아서 단기 숙성 원액을 섞어 출시한 것이다. 그마저도 수요를 맞출 수 없을 만큼 팔려나간다고 한다. 나는 그저 여기에 방문했다는 사실에 감사하며, 몇 가지 귀한 위스키를 시음하는 것으로 내 특별한 하루를 만족스럽게 마무리했다.

　　나는 특히 이 요이치를 좋아해서 기회가 될 때마다 몇 병씩 구해서 회사 동료나 친구들과의 자리에 가지고 나가곤 했다. 꽤나 멋진 경험이긴 했지만, 이제는 이런 요이치 위스키를 다시 구할 수도 없으니 못내 아쉽다. 하지만 반대로 생각해보면 남들보다 일찍 위스키에 눈을 떴기에 남들이 누려보지 못한 호사를 누린 셈이 아닌가? 유한한 인생에서 뭐 그리 아쉬워하며 살 필요가 있을까.

아와모리와 오키나와 위스키
Okinawa Whisky

LG트윈스의 우승 축하주

지난 2023년, LG트윈스가 한국시리즈에서 우승했다. 한국 프로야구 태동기인 1994년에 우승하고 30년 만의 우승인지라 관계자들에게는 그동안 가슴속에 묻어둔 사연이 한가득이었을 것이다. 물론 구단주 구광모 회장의 소회도 남다를 게 자명하다. 선친 구본무 회장은 1995년 1월 LG그룹 회장으로 취임하며 많은 성원과 투자를 야구단에 보냈으나, 아쉽게도 생전에 LG트윈스의 우승을 보지 못했다. 선대 회장은 LG트윈스의 우승 축하주로 오키나와 특산주 아와모리泡盛를 미리 준비해두었다. 그 술을 드디어 마실 수 있게 되었으니, 구광모 회장으로

아와모리를 담는 통기성 좋은 항아리인
남만옹南蠻甕이 줄지어 있다. 이후 숙성 창고로 이동하여
3년 이상을 기다리면 쿠스古酒가 된다.

서는 큰 숙제를 해결한 셈이다. 아와모리는 그리 비싼 술이 아니다. 너무 비싼 술은 도리에 맞지 않고, 너무 싼 술을 마시는 것은 위선이라 생각한 고 구본무 회장의 술에 대한 철학과 인품에 딱 들어맞는 좋은 선택이다. 나는 딱히 응원하는 야구팀이 없지만, 이런 연유로 이번에 LG트윈스 우승을 진심으로 축하해주었다.

아와모리는 증류주라서 그냥 놓아두면 시간이 흐를수록 일정량이 증발한다. 엔젤스 셰어가 일어나는 것이다. 사실 엔젤스 셰어는 증류소의 숙성 창고에서 위스키가 증발하는 현상을 의미하니, 병에서 일정량이 사라지는 현상에 대한 정확한 비유는 아니다. 바텐더가 사장 몰래 한잔 마시는 것을 포함해서 자연 증발이 아닌 어떤 이유로든 술이 사라진다면, 스코틀랜드에선 이를 데빌스 셰어라고 부른다.

아무튼 구본무 회장이 준비한 아와모리는 구단 사무실에서 하릴없이 LG트윈스의 우승을 기다렸다. 아와모리가 해마다 조금씩 줄어들자 구단에서는 그만큼을 다시 채워넣었다는 이야기를 들은 적이 있다. 우리나라의 연평균 위스키 증발량은 5~8퍼센트 정도로 스코틀랜드보다 엔젤스 셰어 수치가 높다. 수학적으로 표현하자면 공비가 0.95~0.92인 무한등비급수가 된다. 이 정도라면, 계산은 안 해봤지만, 20년쯤 흐르면 술이 절반 이하로 줄어들 것이 확실하니 구단 프런트로서는 무척 신경 쓰였을 것이다.

오키나와의 자존심, 아와모리

오키나와에는 2차 세계대전 종전 직후부터 1972년까지 미군이 주둔했으며, 미국은 이때 오키나와를 전략적으로 일본에서 분리하여 다시 류큐왕국으로 독립시키려 했다. 당시 오키나와는 마치 미국의 신탁통치령처럼 취급되어 일본인도 여권을 가지고 방문해야 했다.

하지만 70년대 이후 상황이 바뀌었다. 일본이 급속하게 경제 성장을 이루자 오키나와는 거기에 편승하고자 했다. 게다가 해방군으로 환영했던 미군이 각종 사건 사고를 일으키면서 미군에 대한 부정적인 여론이 높아지며, 오키나와는 자연스럽게 일본으로 귀속되었다.

오키나와에서는 지금까지도 이 결정에 대해 의견이 갈리고 있다. 일본 경제 발전의 후광효과를 기대했지만, 오키나와는 여전히 일본 자치단체 중에서 재정자립도가 최하위이다. 오키나와의 현실은 그리 녹록지 않다.

오키나와의 현청 소재지는 오키나와시가 아닌 과거 류큐왕국의 수도 나하시이다. 나하시에는 관광객이 모여드는 '국제거리'가 있다. 국제거리에는 다양한 먹거리와 관광기념품 가게가 즐비하다. 오키나와 특산품인 눈같이 희고 부드러운 설염, 포도 모양 해조류 우미부도, 껍질이 얇고 신맛이 강한 감귤 시콰사, 미군 주둔기에 생겨난 갖가지 스팸 상품까지 이국적인 구경거리를 보며 걷다 보면 한나절이 훌쩍 지나간다. 내가

국제거리에서 본 가장 신기한 상품은 하브주ハブ酒란 뱀술이다. 처음에는 이름만 보고 무슨 허브가 들어간 술이겠거니 생각했는데, 오키나와 명물 반시뱀이 들어 있는 아와모리였다. 국제거리 곳곳에서는 다양한 하브주가 진열대를 채우고 있다. 하브주는 대개 이런 종류의 술들과 마찬가지로 남자에게 좋다고 해서 많이 팔린단다. 효능의 진위에 대한 이야기는 차치하고라도, 문화는 상대적이니 굳이 비난하고 싶지는 않다. 꼭 구입하고 싶어 하는 분들에게 한마디 조언하자면, 하브주는 '멸종 위기에 처한 야생동물에 관한 국제협약'에 의거해 반출이 금지되었으니, 꼭 오키나와 안에서 드시기를 추천한다. 참고로, 병 속에 뱀이 들어 있는 모습을 보기 힘들어하는 사람들을 위해서 뱀을 넣지 않은 하브주도 있다.

가장 유명한 오키나와 특산물은 아와모리이다. 사람들은 보통 아와모리 소주라고 부르지만, 이는 틀린 이름이다. 왜냐하면 아와모리는 소주가 아니기 때문이다. 그리고 아와모리주, 이렇게 불러서도 안 된다. 마치 '버번 위스키' '역전 앞' 같은 동의어 반복이기 때문에 아와모리는 그저 아와모리로 불러야 한다. 오키나와, 즉 과거의 류큐왕국은 일본 본토보다 타이완에 더 가까운 나라이다. 따라서 아와모리의 주재료는 일본 소주의 주재료로 쓰이는 쌀·고구마·보리와 달리 동남아시아의 흔한 장립종 인디카 쌀이다. 흔히 안남미로 불리는 이 쌀로 타이완을 비롯한 동남아시아 각국에서도 비슷한 술을 빚는다. 일본소주협회에서는 아와모리를 일본 소주의 카테고리로 편입시키기 위하여 애를 썼지만, 아와모리에 대한 자부심이 강한 오키나와 사람들은 아와모리는 그냥 아와모리일 뿐 소주가 아니라며 그들의 정체성을 확실히 지키고 있다. 따라서 우리도 더 이상 아와모리 소주라는 말을 쓰지 않도록 하자.

일본의 여느 소주는 우리나라와 마찬가지로 희석식과 전통 증류식, 두 종류로 나뉜다. 일본 정부는 소주를 등록하면서 희석식 소주를 앞으로, 전통 증류식 소주를 뒤로 분류했다. 이 때문에 그동안 희석식 소주는 갑류, 전통 증류식 소주는 을류로 불렸다. 도수도 훨씬 높고 생산비도 훨씬 많이 드는 을류 소주 입장에서는 매우 억울한 노릇이었다. 그래서 을류 소주는 매우 강력한 대응을 통해서 '본격 소주'라는 새로운 명칭을 얻어낸다. 마트나 주류 가게의 매대에서 '본격 소주'를 발견한다면 믿고 선택해도 좋을 것이다. 나름 시원한 을의 복수이다. 세상의 모든 을들이여, 단결하라! 이루어낼지니!

류카 위스키와 가족기업 신자토

오키나와의 옛 이름인 류큐에서 유래한 시가詩歌가 류카琉歌이다. 우리의 전통 시조처럼 짧고, 샤미센 반주에 맞추어 가사와 운율을 즐기는 단가이다. 작년에 우연히 류카라는 이름의 싱글 몰트 위스키를 맛볼 기회가 생겼다. 분명 오키나와 위스키라고 쓰여 있는데도 셰리 향과 다크 초콜릿을 씹는 듯한 질감이 느껴졌다. 준수한 맛의 위스키라 깜짝 놀랐다. 그때 이 위스키 수입사 사장인 지인이 오키나와 위스키 페스티벌에 참석해보지 않겠느냐고 권하기에 두말없이 냉큼 동의했다. 얼마 후 나는 인천에서 나하로 가는 아침 첫 비행기에 몸을 싣고 난생처음 가보는 오키나와의 바다와 사람, 그리고 위스키를 상상하고 있었다. 오키나와에 도착해서 곧바로 행사장에 들어서니 얼마 전 가나자와 위스키 페스타에서 본 낯익은 얼굴들이 보였다. 나는 일본어를 거의 못해 행사장에서는 같이 간 일본 유학파 지인의 도움을 받았다. 다만 최근 일본 위스키 산업에 뛰어든 젊은 세대들은 영어도 잘하는 편이라 큰 어려움 없이 대화를 나누며 즐거운 한때를 보냈다. 사실 좋은 위스키가 있다면 굳이 언어가 필요 없기에 우리는 위스키라는 공통어로 자연스레 하나가 되었다. 파장이 가까워진 늦은 오후쯤, 계속된 시음으로 그야말로 우리의 언어는 모두 위스키가 되었다.

　　다음 날, 업계 관계자인 지인 덕분에 류카 위스키를 만드는 스자키州崎 증류소를 방문할 수 있었다. 나하시에서 북쪽으로 한 시간쯤 떨어진 오키나와시에 있는 신자토新里 주조의 증류소이다. 신자토는 류큐 시대부터 대대로 아와모리를 만들어온 오키나와에서 가장 오래된 증류소이다. 지금의 7대 사장은 6대 사장이었던 형의 아들들과 같이 일하고 있다. 언젠가 이들이 삼촌의 뒤를 이어 8대 사장이 될 것이다. 가족기업이 많은 일본에서도 3대나 4대 정도는 흔하지만 이렇게 7대씩 내려오는 기업은 그리 흔치 않다.

최근 일본의 젊은 세대 인구는 크게 줄어들었으며, 그들이 주류 소비 시장으로 진입하는 비율도 과거보다 떨어졌다. 게다가 설혹 주류 시장으로 들어오더라도 아와모리 같은 전통주를 선호하지 않는다. 일본의 젊은 세대를 새로운 고객으로 만들기 위해 변신이 필요하다는 뜻이다. 그래서 신자토에서도 위스키 생산을 결정하고 아와모리를 만드는 증류소 안에 이탈리아에서 도입한 구리 증류기를 추가로 설치했다. 증류주인 아와모리를 오랫동안 만들어온 경험으로 처음 출시한 위스키부터 완성도가 높았다. 틀림없이 다음 라인업도 기대를 저버리지 않을 것이다.

증류소를 둘러본 후 7대 사장의 초대로 스자키 주조 사무실에서 몇 가지 위스키 신제품을 시음했다. 그중 싱글 캐스크 제품들의 완성도는 숙성 기간이 짧음에도 매우 뛰어났다. 사실 오키나와는 아열대기후라서 엔젤스 셰어가 높아 고숙성을 못한다. 이처럼 위스키 생산에 적합하지 않은 환경을 극복하고 다양한 캐스크의 조합으로 맛을 표현해냈으니 놀라울 따름이다. 지나온 역사에서 나오는 대단한 연륜과 저력이다.

내가 그들의 오래된 가족사에 관심을 보였더니, 경영 수업을 받고 있는 미래의 사장이 보여줄 것이 있다며, 인근의 초기 생산 공장으로 안내했다. 지금은 다른 용도로 쓰이는 공장

오래된 아와모리 생산 설비 사이로
반짝이는 이탈리아산 위스키 증류기가 보인다.
전통과 현대의 공존이 아이러니하다.

터 바로 옆에 살림집이 하나 있는데, 바로 선대 사장의 부인, 즉 그의 어머니가 사는 집이었다. 소박하지만 기품 있는 외관과 꾸밈새를 보며 7대를 내려오는 가족기업의 힘을 느꼈다. 물론 그의 자부심도 살짝 엿볼 수 있었다.

그는 저녁 식사를 대접하고 싶다며 근처 오키나와 음식점으로 나를 데리고 갔다. 그곳에서 하이볼부터 아와모리와 위스키까지 신자토의 전 제품에 대해 버티컬 테이스팅vertical tasting 하면서 거기에 걸맞은 다양한 오키나와 음식을 맛보았

4부 일본 위스키

다. 일본 본토의 달고 자극적이고 화려한 음식과 달리, 이곳은 슴슴한 돼지고기와 생선을 위주로 한 수수한 음식들이라 내게는 외려 잘 맞았다. 특히 고도주인 아와모리와 위스키는 육류 위주의 오키나와 음식과 잘 어울렸다.

요즘 일본 위스키는 공급자가 주도하는 시장이라 수요자인 우리는 굳이 갑을로 따지자면 을일 텐데도 최고의 환대를 해주어 무척 감사했다. 타인에 대한 이런 태도가 개인의 덕목을 넘어서서 사회와 국가의 기준이 된다면 얼마나 좋을까? 나는 갑과 을이 모두 평등한 세상이 되기를 꿈꾸며 오키나와에서의 마지막 밤을 보냈다.

그리고 요즘 순위가 좀 뒤처진 LG트윈스 야구단은 구단 프론트에서 더 이상 아와모리의 무한등비급수를 계산하지 않도록 애써주기를 바란다. 더불어 다른 구단들도 우승에 대한 집념을 불태우자는 의미에서, 각 구단 컬러에 맞는 우승 축하주를 미리 준비해놓으면 어떨까? 소주와 맥주 브랜드 둘 다 가지고 있는 롯데는 특히 고민이 깊어지겠지만, 다들 이 제안을 진지하게 고려해주기 바란다. 한국 프로야구 파이팅!

누룩으로 빚은 위스키, 타카미네
Takamine

리켄과 타카미네

일본 이화학연구소는 과학자 타카미네 조키치의 발의로 1917년 설립된 기초과학 연구기관이다. 다수의 노벨상 수상자와 함께 원소기호 113번 니호늄(Nihonium, NH)의 발견 또한 이곳의 자랑이다. 일본은 이처럼 정부와 민간이 협력하여 기초과학 분야에 과감하고 지속적으로 투자해왔으며, 그 결실을 거두고 있다.

몇 년 전 규슈의 유서 깊은 시노자키篠崎 주조에서는 누룩으로 만든 일본 위스키를 오크통에 숙성하여 타카미네高峰라는 이름으로 출시했다. 타카미네 조키치를 존경한 이 증류소

새로운 길을 간다는 의미로 설립한 신도新道 증류소 전경.
아직은 단출하다.

의 7대 사장이 붙인 이름이다. 사실 일본에서는 누룩을 사용해 만든 위스키는 소주로 분류되고, 이를 오크통에 숙성시켜 색이 바뀌면 소주로도 분류되지 못한다. 이에 따라 타카미네 술은 소주로도 위스키로도 판매될 수 없었다. 8대 사장인 시노자키는 이중의 난관을 극복하기 위해 미국 시장에 '타카미네 발효 위스키'라는 제품으로 출시했다. 타카미네 조키치는 미국 주류 시장으로 진출하려다 실패했었다. 그런데 백 년 후 또 다른 일본인이 타카미네의 이름으로 타카미네가 원하던 제조 방식으로 만들어서 미국 시장에 진출한 것이다. 타카미네의 좌절된 혁신이 위기 상황을 뛰어넘으려는 젊은 사업가의 시도로 부활한 셈이다. 타카미네 위스키는 이제 재고가 거의 소진되어서 시노자키 주조 본사에도 거의 없고, 미국에서 아주 드물게 남은 매우 희귀한 아이템이 되어버렸다.

물론 위스키 애호가로서 나도 타카미네 위스키를 한번쯤 마셔보고 싶었지만, 그 만남을 전혀 기대하지 않았다. 그런데 뜻밖에 지난겨울 워싱턴DC의 피셔맨스 워프에 있는 작은 주류 가게에서 그 귀한 제품을 발견하고 말았다. 선인의 품위를 만났다는 기쁨에 8년 단기 숙성 위스키로는 꽤나 비싼 가격인 150달러임에도 나는 망설임 없이 지갑을 열었다. 나는 보통 백 달러가 넘는 위스키는 사지 않는데 타카미네 위스키를 만나는 순간 이 원칙은 행복하게 무너지고 말았다.

위스키 컨벤션에서 자기소개서 돌리기

시노자키 주조의 8대 사장이자 마스터 디스틸러인 시노자키 사장과는 서로 안면을 튼 사이다. 나는 일본 각지의 위스키 컨벤션에 자주 참석해왔다. 일본어도 제대로 못하는 한국인이 일본의 위스키 컨벤션에 출몰하면 많은 이들이 궁금한 눈길을 보내곤 했다. 그래서 지난가을 오키나와 위스키 페스티벌에 참석하면서, 나는 조금 특별한 준비를 했다. A4 용지 한 장에 내 소개와 위스키에 대한 꿈과 열정을 한국어·영어·일본어로 가득 써서 출력한 일종의 자기소개서를 가져간 것이다. 나는 증류소 부스를 방문해서 자기소개서를 주면서 나를 알리고 그들을 알아갔다. 사실 난생처음 보는 사람들에게 갑자기 자기소개서를 주며 접근하는 게 주저되고 부끄러울 법도 하지만, 다행히 나는 조금 뻔뻔스럽다. 30여 년 영업 노하우를 여지없이 발휘했다.

위스키 컨벤션이 힘든 점은 따로 있다. 새로운 증류소나 수입사의 부스를 갈 때마다 적은 양이지만 계속 시음해야 한다는 점이다. 시음이 즐거운 일이기는 하지만 수십 군데 부스를 다니다 보면 오후 시간에는 상당히 취기가 올라와서 안 그래도 힘든 일본어 대화가 더욱 힘들어진다. 내가 자기소개서를 준비한 또 다른 이유이다. 전략은 주효했다. 내 부족한 일본어를 자기소개서가 넉넉하게 채워주었다. 요즘은 이런 식으로 자기소개를 하는 사람이 거의 없지만, 나는 언어가 잘 통하지 않는 상황에서 하드 카피만큼 확실한 커뮤니케이션 도구는 없다고 생각한다.

물론 그들도 위스키에 대한 내 열정과 진솔한 마음을 느꼈기에 자기소개서를 기꺼이 받아주었을 것이다. 나는 부스를 돌며 자기소개서를 나눠주고, 한국 최초의 위스키 최고위 과정을 강의하고 있으며, 이 과정을 수료한 제자들과 일본 위스키 증류소를 몇 군데 방문하고 싶다고 도움을 청했다. 꽤 많은 증류소들이 흔쾌히 화답해주었고, 이번에 그중 하나인 시노자키 주조 방문으로까지 이어졌다. 혹시 컨벤션에서 지나가는 말로 방문을 허락한 것일 수도 있어, 올해 초 시노자키 사장에게 다시 이메일을 보냈다. 다행히 '박 선생의 열정을 잘 기억하고 있다'는 답장이 왔다. 나는 즐거운 마음으로 시노자키 주조를 방문할 준비를 했다.

8대 사장인 시노자키는 꽤 젊다. 10여 년 전 가업을 물려받아 이 일을 시작했으며, 아버지가 만들어둔 타카미네 누룩 위스키를 미국 시장에 출시하기도 했다.

인내와 숙성의 시간

젊은 시노자키는 타카미네 방식을 계승하면서도 자신만의 새로운 위스키를 만들고자 했다. 그는 새로운 도전을 위해 신도新道 증류소를 세웠다. 신도 증류소는 위스키의 원액, 즉 뉴 스피릿을 생산하여 숙성 창고에 계속 채워넣고 있으나, 3년이 지나도록 제품을 출시하지 않고 있다. 일본은 위스키 숙성 연수에 대한 법적인 규제가 없어 1년이 되지 않아도 출시하는 증류소들이 많다. 아마도 완벽한 제품을 추구하는 시노자키 사장은 아직 숙성의 시간을 견뎌야 한다고 생각하는 듯하다.

그의 장인정신과는 별개로, 그의 위스키는 오크통에 숙성하기 전의 원액인데도 마치 안동소주처럼 달고 감칠맛이 감돌았다. 증류소 견학 후 나와 제자들은 모든 시음주를 다 마셔버렸다. 내년쯤 아마도 멋진 제품으로 출시될 것 같은데, 시노

새로운 방식으로 위스키를 만들기 위한 가장 전통적인
구리 포트 스틸 증류기. 일본의 가장 오래된 증류기 제조사인
미야케 제작소에서 만들었다.

자키 사장은 말을 아꼈다. 뭐, 우리야 기다리는 수밖에 없지만,
자신이 맡은 과업에 목숨을 거는 일본인의 장인정신에는 절로
고개가 숙여졌다. 그의 위스키가 곧 출시되기를 기대하면서,
동시에 한국에서도 이런 스토리를 가진 위스키가 만들어지기
를 기원했다.

　　증류소 투어를 마치고 헤어질 때, 시노자키 사장은 우리
가 안 보일 때까지 진심을 담아 손을 흔들며 배웅해주었다. 불
쑥 찾아간 이방인을 진심으로 환대해준 모습에서 술에는 국경

아직 다 채워지지 않은 신도 증류소의 숙성 창고.
앞으로 가득 채워질 미래를 기대한다.

이 없고 술을 사랑하는 이들 중에 악인은 없다는 사실을 다시
금 확인했다. 한편으로 내가 양국 문화 교류에 작으나마 힘을
보탠 듯하여 뿌듯했다.

아베의 유묵

이번 위스키 최고위 과정 졸업여행은 무려 근사한 크루
즈를 타고서 일본 규슈 일대를 돌아보는 일정이었다. 마침 최
고위 과정에 크루즈 여행 회사 회장님이 참여한 덕분이었다.

신도 증류소를 나선 우리는 기항지인 사세보로 돌아가는 길에 예약해놓은 텐잔天山 주조에 들렀다. 이곳에서는 맑은 물로 유명한 시치다七田 사케를 만드는데, 균형 잡힌 맛과 깔끔한 잔향으로 우리나라에서도 인기가 좋다. 그런데 텐잔 주조에 도착한 우리는 무척 당황스러웠다. 휴업을 알리는 입간판이 양조장 입구를 막고 있는 것이 아닌가! 뭔가 착오가 생겼다 싶어 혼란스러워하는 순간, 사람 좋은 M이 모습을 나타냈다. M은 지난번 방문 때도 안내와 시음을 도와준 양조장의 영업 총괄이다. 양조장이 쉬는 토요일인데도 우리를 기다리다가 반갑게 맞아준 것이다. 무척 미안하면서도 고마웠다. M은 능숙하게 양조장을 소개해주었고, 대망의 시음 시간에는 우리의 열광적인 성원에 반했는지, 가장 비싼 사케를 한 병 더 제공해서 우리의 시음 경험을 더욱 알차게 만들어주었다.

그런데 나는 텐잔 주조에서 뜻밖의 무언가를 보았다. 지금은 고인이 된 전 일본 수상 아베의 유묵이었다. 유묵에는 '國酒(국주)'라고 쓰여 있었다. 당시 현직 수상이 양조장에 선물한 유묵이니 사업에 큰 도움이 되었음은 자명하다. 놀랍게도 그가 생전에 일본 양조장에 써준 똑같은 유묵이 50점이 넘는다고 한다. 우리나라에서 아베에 대한 평가는 그리 좋지 않다. 일본인들도 수상으로서 업적에 대한 평가는 엇갈린다. 그럼에도 그는 욕을 먹었을지언정 정치인이자 비즈니스맨이었다

무사히 졸업여행을 마치고 돌아와 지금은 서재에서 지

난 기억을 정리하고 있다. 새로운 길을 찾아 떠난 증류소 8대 사장의 도전을 보았고, 잔잔하게 울림을 주는 일본의 환대 문화를 경험했다. 단지 술 자체가 목적이 아니라, 술을 매개로 국적과 세대를 뛰어넘어 다양한 사람을 만나는 데 더 큰 의미를 둔 여행이었다. 이 여행을 통해서 우리는 충분한 무언의 대화를 나누었고 서로의 마음을 얻었다. 위스키 장에 고이 모셔둔, 워싱턴DC에서 건너온 타카미네 위스키를 바라보며 언제쯤 누구와 마실까 생각하니 슬며시 피어오르는 웃음을 참을 수 없다. 아마도 조만간 개봉할 것 같다.

빨간 대문 증류소, 알렘빅
Alembic

대기만성

건설 현장에는 친숙한 글로벌 기업 건설 장비들이 보인다. 한국 기업인 현대나 두산도 이따금 보이지만, 이 분야 세계 최대 기업인 캐터필러나 볼보 제품이 가장 많다. 그런데 일본 고마쓰 제작소가 글로벌 2위 건설 장비 기업이라는 사실을 아는 사람은 많지 않을 것이다. 고마쓰 제작소는 이시카와현의 지방 도시 고마쓰에서 1917년에 문을 연 고마쓰 철공소에서 출발했다. 덕분에 이시카와현의 유일한 국제공항도 현청 소재지인 가나자와가 아닌 고마쓰에 있다. 기업의 입지가 지역 경제에 미치는 영향이 얼마나 큰지 확인하는 사례이다. 지역의 인

가나자와의 오노항 근처에 있는 알렘빅 증류소.
인근에 유서 깊은 야마토 간장과 우물을 공유하여 좋은 진을 생산한다.

프라 건설과 지방자치단체의 발전은 우량한 지방 기업들이 성
장해야 비로소 가능하다. 지역은 세수와 고용에 이바지하는 기
업에 감사하고, 기업은 성장의 뿌리가 되어준 지역을 존중하는
문화가 전제되어야 함은 말할 것도 없다.

　　처가가 이시카와현 가나자와시에 있어 최근 몇 년간 고
마쓰공항을 자주 이용했다. 그런데 코로나 팬데믹 시기에 직항
편이 중단되어 불편이 이만저만 아니었다. 지난 연말 장모님이
돌아가셨을 때는 도쿄공항에 내려서 신칸센을 타고 가나자와
로 이동해야 했다. 다행히 최근에 이 노선이 복항되어 멀리 돌
아오는 수고를 덜게 되었으니 감사할 따름이다.

　　고마쓰공항에 내리면 항상 먼저 가보는 곳이 한 군데 있

다. 바로 처남이 운영하는 알렘빅 증류소다. 가나자와항구 근처에 있는 이곳은 작년부터 진을 생산하기 시작했다. 처남은 대학을 졸업하고 몇 군데 대기업을 다녔으나, 이후 주류 제조를 향한 열정으로 오랫동안 주류 제조와 관련한 다양한 경험을 해왔다. 일본에서 대기업을 퇴사하는 게 쉽지 않은 결정임을 일본을 아는 사람이라면 누구나 동의할 것이다. 특히 장모님은 생전에 늘 이런 처남을 걱정했지만, 대기만성할 것이라고 되뇌면서 응원하시곤 했다. 처남은 오랫동안 집중하던 맥주 제조에서 우연한 계기로 진으로 방향을 선회했다. 이 또한 쉽지 않은 결정이었지만, 프렌치 셰프인 장인에게서 물려받은 장인정신으로 혼신을 다해 알렘빅 증류소를 일구었다. 증류소 초기에는 레시피와 제조 공정을 도와주는 전문가가 한 분 있었으나, 이제는 생산부터 판매까지 혼자 처리하는 1인 증류소이다. 이 과정에서 연고가 없는 가나자와까지 흘러들어 왔고, 이곳 프리마돈나를 만나 결혼도 하고 예쁜 딸까지 얻었다. 생각해보니 장모님이 바라던 대기만성이 거의 이루어진 것 같다. 다만 너무 늦은 결혼이라 딸이 대학 갈 때쯤이면 아빠는 70대가 되는 게 유일한 걱정이다.

알렘빅 증류기로 만든 하치방 진

알렘빅 증류소는 상당히 독특한 방식으로 가나자와 특

알렘빅 증류기는 일반적인 연속식 증류기가 아닌
싱글 몰트 위스키를 생산하는 단식 증류기이다.
이걸로 진을 만들어 좀 더 특별한 맛이 난다.
2023년, 2024년 연속 IWSC 대상과 금상을 수상했다.

산 진을 만들어낸다. 진은 위스키와는 달리 숙성 과정이 따로
있지 않다. 일반적으로 값싼 주정을 사 와서 생산비용이 싸게
먹히는 연속식 증류기로 다시 증류하여 대량 생산한다. 그래서
이렇게 만들어진 진의 가격은 대체로 위스키에 비해 매우 저렴
하다.

그런데 알렘빅은 위스키를 만드는 단식 증류기라서 주정을 연속해서 대량으로 만들 수 없다. 한 번 증류기에 들어간 양만큼을 증류하고, 다시 재료를 투입하여 새롭게 증류해야 한다. 매우 비효율적인 단식 증류 공정으로 소량을 생산하는 방식이다. 그래서 알렘빅 증류기는 싱글 몰트 위스키나 코냑 같은 고가의 증류주를 만들 때나 사용된다. 심지어 버번도 일반적으로 알렘빅이 아닌 연속식 증류기를 사용해서 생산한다. 최근에야 일부 고급 버번이 알렘빅 증류기를 사용해서 생산을 시작했다. 경제성과 효율성을 따지자면 제조 비용이 많이 드는 알렘빅 증류기로 진을 만들어서는 안 된다.

처남은 여기에 더해 가나자와에서 나는 식물인 쿠로모지를 첨가했다. 진 본연의 풍미에 가나자와의 맛을 더한 것이다. 처남은 조화로운 맛을 내기 위해 여러 차례 시도를 거쳤고, 여덟 번째 시도 끝에 본인이 원하는 퀄리티의 진을 만들어냈다. 그래서 이 진의 이름은 하치방八番, 즉 '8번'이다. 여기에 추가로 마치 싱글 몰트 위스키처럼 상온 여과 방식을 사용하여 최대한 풍미를 살려냈다.

또 하나의 차이는 물이다. 알렘빅 증류소 옆에는 가나자와의 유서 깊은 야마토 간장 공장이 있다. 이 간장 공장은 대대로 한 우물에서 나오는 물만 사용하는데, 알렘빅 증류소는 이 우물을 같이 사용한다. 처남은 이 우물물이 진의 깊은 맛을 더한다고 믿는다. 지난봄, 대학 은사님 내외분과 같이 가나자와

가나자와를 대표하는 1백 년 역사의 야마토 간장.
하쿠산의 맛있는 물로 유명하다. 다양한 간장 제품도 만들지만 이곳의
간장 아이스크림 하나면 여름 무더위와 갈증이 싹 가신다.

에 갔을 때 간장 공장에 들러 된장, 간장, 즉석 된장국까지 잔뜩 사 왔다. 요리해서 먹어보니 과연 절로 고개가 끄덕여지는 맛이었다. 봄 햇살 아래 은사님 내외분과 나란히 앉아 간장 공장 벤치에서 맛보았던 그곳의 간장 아이스크림도 일품이었다.

처남의 노력은 대번에 인정받았다. 2023년에 생산을 시작한 신생 증류소가 그해에 세계 최고 권위의 IWSC에서 진 부문 대상을 수상한 것이다. 현대는 변화의 파급력이 빠른 세상

이다. 실력과 품질을 인정받으면 순식간에 메이저로 올라설 수 있다. 롱테일의 힘을 여기서만큼 제대로 느껴본 적은 없다. 나름대로 IT 업계에서 오랫동안 종사했던 나로서도 이런 놀라운 변화를 눈앞에서 목격할 줄은 몰랐다. 알렘빅 증류소는 올해에도 IWSC의 몇 개 부문에서 수상한다고 하니 상복이 무척 많은 것 같다.

생강나무의 추억

20년 전쯤부터 나는 한적한 연희동 주택가로 이사 와서 전원생활 비슷하게 여유를 즐기며 살고 있다. 대부분의 연희동 단독주택과 마찬가지로 우리 집도 70년대 초에 지어진 수수한 외관의 2층 양옥이다. 옥상이 꽤 넓어 아이들이 어렸을 때는 간이 수영장을 만들어 같이 물놀이도 했고, 아이들이 자란 뒤에는 나만의 골프 연습장을 만들기도 했다. 아이들과의 물놀이는 행복한 추억으로 남았지만, 골프 연습장은 결국 쓰레기가 되어버리고 말았다. 집 옥상에 연습장이 있어도 나는 기어코 골프 연습을 하지 않았다. 덕분에 골프 구력은 거의 30년이지만, 여전히 1백 타 언저리의 초보 골퍼이다. 라운딩할 때마다 대한민국 모든 캐디들을 먹여살리는 수준이지만, 그래도 나는 신나게 나만의 골프를 즐긴다.

이사를 오면서 집을 약간 손보았지만 크게는 건드리지

몇 년 전 온 가족이 함께 가나자와의 히가시야마 근처를
산책하며 즐거운 한때를 보냈다.

않았는데, 대문 옆에 있는 커다란 감나무가 이사 온 지 얼마 안
되어 아무 이유도 없이 죽어버렸다. 이전 주인 말로는 자기네
가 열심히 비료도 주고 잘 가꾸어서 꽤나 맛있는 단감이 열린
다고 했었다. 주인이 바뀌고 나서 나무가 죽은 것을 보니 역시
모든 것은 인연이 따로 있는 듯했다.

　　　나는 우리 가족과 어울리면서 우리 집을 상징할 만한 나
무를 구하기 위해 W조경회사(이름은 거창하지만, 사실은 동네 꽃
집이다)와 여러 차례 상담했다. 몇 가지 후보 중에서 우리가 내
린 결론은 이팝나무. 하얀 쌀밥처럼 흰 꽃잎이 무더기로 피어
보기에도 아름답고 행운을 가져다줄 것 같았다.

그런데 늦가을에 나무를 심고 이듬해 봄이 되어 살펴보니 하얀색 꽃이 아니라 노란색 꽃이 피고 뭔가 좀 어색한 것이 아닌가? 혹시 이팝나무가 아니라 조팝나무인가 하는 생각이 들었다. 그래서 그 거창한 W조경회사에 다시 문의하니, 자기들이 실수로 이팝나무가 아닌 생강나무로 바꿔서 심었다는 것이다. 우리가 먹는 생강이 아니라 이파리에서 생강 냄새가 희미하게 난다고 해서 붙여진 이름이다. W조경회사에서는 우리가 원한다면 바꿔주겠다고 하면서도, 생강나무가 훨씬 고급이고 비싸다며 얼버무리려고 했다. 초등학생도 믿지 않을 멘트였지만 우리는 속아주는 척했다. 결과적으로 생강나무는 여전히 우리 집 대문 옆을 지키고 있다. W조경회사의 말도 안 되는 변명 때문만은 아니다. 이 생강나무가 왠지 우리 가족과 함께 있어야 할 것 같았다.

이 생강나무와는 오랜 세월 뒤 바다 건너까지 인연이 이어졌다. 처남이 가나자와의 특산물로 하치방 진에 넣은 쿠로모지가 다름 아닌 생강나무이다. 역시 모든 것에는 그에 따른 인연이 있고 임자가 따로 있나보다. 오늘은 이 생강나무 아래에서 돌아가신 장모님을 생각하며 진을 한잔 기울여야겠다. 처남은 이제 충분히 대기만성했으니 더 이상 걱정 안 하셔도 될 듯합니다, 장모님!

5부

미국 위스키
American Whiskey

◊

버지니아 서쪽 광활한 루이 부르봉의 땅에서 시작된 버번은 미시시피강을 타고 남쪽으로 내려와 뉴올리언스의 버번 스트리트에서 그 화려한 꽃을 피운다. 버번은 부르봉의 땅에서 태어나 미시시피로 움직이며 프렌치 쿼터에서 소비된다. 그 모든 공간은 루이지애나, 즉 루이의 땅이다. 독립전쟁과 남북전쟁, 그리고 금주법과 세계대전을 거치며 미국 사회의 주류와 비주류가 대립하던 역사 속에는 언제나 그 중심에 버번이 있었다.

비주류 이민자들의 눈물, 버번
Bourbon

켄터키와 테네시의 자존심 대결

역대급 무더위로 힘들었던 지난여름, 그 절정에서 나는 오랜 버킷리스트였던 미국의 버번 증류소들을 찾아가기 위해 켄터키로 향했다. KFC와 그 창업자인 인상 좋은 샌더스 대령, 그리고 〈켄터키 옛집〉이라는 노래로 우리에게 친숙한 곳이다. 켄터키는 미국 남부 문화를 대표하는 지역으로 알려졌지만, 의외로 남북전쟁 당시에는 북부연합에 속했다. 반면 켄터키 바로 남쪽에 위치하면서 미국 위스키의 주도권을 두고 경쟁하던 테네시는 남부연합에 속했다. 이들의 라이벌 의식은 매우 강해서 사사건건 다툼을 벌였다. 켄터키와 자존심 대결을 벌이던 테네

켄터키 루이빌의 중심가인 위스키 로우.
금주법 이전 80여 개의 버번이 난립했지만 지금은 올드 포레스터 정도만이
명맥을 유지하고 있다. 한가운데 브라운색 건물이 올드 포레스터.

시는 별도의 테네시 위스키Tennessee Whiskey라는 카테고리를
만들었다. 테네시 위스키는 제조 과정이 버번과 사실상 동일하
지만, 오크통 숙성 전에 단풍나무 숯 여과 과정, 즉 링컨 카운티
프로세스를 추가로 거친다. 이는 테네시 위스키를 대표하는 잭
다니엘스Jack Daniel's가 테네시주 링컨 카운티에서 생산을 시
작했기 때문이다. 잭 다니엘스는 결코 버번이란 말을 쓰지 않
는다. 그리고 대부분의 버번은 켄터키에서 만들어진다. 다만
단일 품목으로는 잭 다니엘스가 압도적인 1위이니 켄터키와
테네시의 대결은 현재 진행형이다.

영국 식민지였던 시절, 유명한 버지니아 식민지는 현재

의 버지니아주뿐만 아니라 후에 노예제 반대로 북부로 귀속한 웨스트버지니아, 그리고 켄터키를 포함하는 광대한 지역이었다. 그 너머의 땅은 상상 불가하게 큰 땅이라 막연히 프랑스 식민지라고 알려져 있었다. 그리고 프랑스 부르봉Bourbon 왕가를 영어식으로 발음한 버번이란 지명도 이 지역의 일부 혹은 전체를 의미하는 말로 광범위하게 쓰였다. 버지니아의 한 카운티였던 켄터키는 자신들이 버번의 원류임을 내세우고 이 지역의 풍부한 옥수수 생산량을 기반으로 위스키 산업을 육성했다. 지금도 켄터키 동부에 작은 버번카운티가 있으며 군청 소재지는 당연하게도 패리스Paris, 즉 파리이다. 하지만 달랑 증류소 한 개만 남아 있으며, 이미 루이빌을 중심으로 한 위스키 로우에 버번의 주도권을 넘겨준 지 오래다.

켄터키주에서 가장 큰 도시인 루이빌로 가는 여정은 꽤 길고 재미있다. 팬데믹 해제 이후 보복성 여행의 여파로 항공권 가격이 천정부지로 솟은 탓에 도쿄를 경유해서 뉴욕으로 가는 항공편을 이용했고 만 하루를 꼬박 날아가 오후 늦게 JFK공항에 도착했다. 라과디아공항 근처에서 하루를 묵은 후, 다음 날 새벽 루이빌행 첫 비행기를 타기 위해 라과디아공항으로 향했다. 하필이면 그날따라 북미 전역의 날씨가 좋지 않아 비행기가 지연과 결항이 반복되었다. 내가 탈 비행기는 정확히 네 번 출발이 지연되다가 결국은 오후 늦게 결항했다. 미국 국내선을 꽤 타본 나로서는 아무래도 예감이 좋지 않아 세 번째 지연 방송 전에 아예 다른 항공기로 예약을 바꾸었다. 대기하던 사람들이 취소 사인 보드를 보고 망연자실할 때, 나는 그날의 유일한 라과디아-루이빌 항공편 마지막 좌석을 비집고 들어갈 수 있었다.

라과디아공항은 활주로가 두 개뿐인데, 평행하게 놓여 있지 않고 특이하게 십자 형태로 교차하고 있다. 그래서 동시 이착륙이 불가능하고, 매우 정교한 교차 관제를 필요로 한다. 날씨에 조금이라도 문제가 생기면 안 그래도 작고 복잡한 관제탑은 엄청난 혼돈에 빠지곤 한다. 그래도 수십 년째 큰 사고 없이 그럭저럭 운영되고 있단다. 최신 시설을 갖추지 않았지만, 한정된 자원으로 최대한 효율을 끌어올리고자 고민하고 노력한 결과가 아닐까 짐작해본다.

사고를 백 퍼센트 방지하는 것은 현실세계에서는 불가능하다. 따라서 사고 발생 시 피해를 최소화하는 대책과 재발 방지를 위한 학습 절차를 준비하는 것이, 무조건 사고 제로를 주장하는 것에 비하여 훨씬 덜 위선적이라 할 수 있겠다. 미국 같은 천조국이 돈이 없어서 라과디아공항의 십자 활주로를 그대로 두지는 않았을 것이다. 다만 그 사회에서 합의된 우선순위 과제가 더 많기에 주어진 제약조건을 인지하고 그 안에서 운영을 잘 해나가는 중일 것이다.

두 가지 켄터키 블루

세계 버번의 수도인 루이빌에서 출발하여 남쪽 바즈타
운과 동쪽 프랭크포트까지, 트라이앵글 지역을 돌면서 이름만
들어도 가슴이 뛰는 버번 증류소들을 하나씩 만나볼 생각에 가
슴이 벅차오른다. 켄터키는 두 가지 블루로 유명한데, 그중 하
나는 켄터키 블루 그래스, 즉 양잔디다. 세계의 많은 골프장
에는 이 켄터키 블루 그래스가 심어져 있는데, 한겨울에도 푸
른빛을 띠어서 골프에 최적화된 잔디이다. 켄터키 양잔디는 부
드러워서 디벗이 잘 만들어지기도 하지만, 목초로도 제격이다.
목초가 풍성해서 경주마 사육이 발달했고, 미국 최대 경마 대
회인 켄터키 더비까지 개최한다. 켄터키 더비의 공식 음료이자
켄터키 버번으로 만든 대표적인 칵테일이 민트 줄렙Mint Julep
이다. 별다른 부재료 없이 그저 버번을 넉넉히 두 잔 정도 넣고,
민트 몇 장과 설탕으로 단맛을 더한 후 잘게 부순 얼음을 가득
채우면 끝. 살면서 한 번쯤은 시원한 민트 줄렙을 마시며 자신
이 베팅한 경주마를 목청껏 응원하는 경험을 해볼 만하다.

또 하나의 켄터키 블루는 옥수수밭이다. 미국은 전 세계
옥수수의 40퍼센트가 생산되며, 그중에서도 켄터키는 가장 큰
규모로 옥수수를 재배한다. 이 옥수수밭에서 버번의 역사가 시
작되었다. 위스키의 주재료는 보리인데, 미국 풍토에서는 보리
가 잘 자라지 않았다. 그래서 초기 아메리카 정착민들이 찾아
낸 대체 작물이 바로 옥수수이다. 옥수수는 생산량도 많고 저

렴했으며 색다른 맛을 선사했다. 이렇게 버번이 탄생한 것이다. 역시 필요는 발명의 어머니이다. 사족이지만, 옥수수는 숨겨진 용도가 또 하나 있다. 화장지의 역사에 대한 책을 보면, 북미 대륙은 옥수수 낱알을 떼어내고 남은 속대를 화장지 용도로 썼다고 한다. 잠시 궁금증이 차오른다. 정말일까? 속대를 사용하면 거기가 쓸려서 아리지 않았을까? 왜 훨씬 부드럽고 종이 같은 질감의 옥수수 껍질을 사용하지 않았을까?

위스키 로우와 올드 포레스터

버번의 역사는 금주법의 역사와 떼려야 뗄 수 없다. 금주법은 미국의 주류 세력(White Anglo Saxon Protestant, WASP)과 독일계·아일랜드계·라틴계 등 비주류 세력의 대결이기도 하다. WASP는 메이플라워호를 타고 온 청교도의 후손이기에 엄격한 캘빈(칼뱅)주의를 주창하며 음주를 배격했다. 그러나 비주류 이민자들은 술을 사랑했고, 술 산업은 그들의 중요한 경제 기반이었다. 독일계 이민자들은 맥주를, 아일랜드계 이민자들은 위스키를 만들어 팔아야 살림을 꾸려갈 수 있었다. 두 세력의 대립은 필연이었다. 몇 차례 금주법을 제정하려는 시도가 있었으나 남북전쟁과 1차 세계대전 등으로 미뤄지다가 결국 1920년 수정헌법 18조로 금주법을 제정했다. 흥미로운 점은 금주법은 술을 마시는 행위 자체는 규제하지 않고 오직 술을 제조, 유통, 판매하는 행위만 엄격하게 규제했다는 사실이다. 시작부터 이 법은 철저히 위선적이었다. 미국에서는 대공황 이전 1920년대를 '광란의 20년대(Roaring Twenties)'라고 한다. 이 시절의 키워드는 아르데코, 재즈댄스, 빅밴드, 그리고 칵테일이었다. 영화 〈위대한 개츠비〉에 나오듯 미국 상류층이 매일 밤 파티를 즐기던 바로 그 시절이다. 상류층은 상류층대로, 하류층은 하류층대로 그들만의 음주 생활을 공공연히 지속했으니 '광란의 20년대'는 '위선의 20년대'에 다름 아니다.

그래도 금주법은 특정한 대상에게는 영향을 끼쳤다. 버번 증류소가 밀집했던 루이빌의 위스키 로우는 직격탄을 맞았다. 금주법 직전에는 루이빌에만 무려 80여 개의 증류소가 산재했다. 하지만 금주법이 시행된 뒤에는 올드 포레스터Old Forester 하나만 견뎌내고 살아남았다. 올드 포레스터 라벨에는 'First Bottled Bourbon'이라는 문구가 쓰여 있다. 금주법 이전부터 만연하던 가짜 위스키를 방지하기 위해 최초로 유리병에 위스키를 담았던 그들의 역사를 보여주는 문구이다. 창립자의 이런 의지는 값비싼 물류비용보다 더 큰 고객의 신뢰를 얻었고 성공 궤도에 오르는 계기가 되었다. 물론 올드 포레스터도 백년 동안 계속 한 자리를 지켜오지는 못했다. 한동안 명맥을 유지하기 위해 의료용 알코올을 생산하느라 루이빌을 떠났다가 최근에서야 돌아올 수 있었다. 여러 차례 혹독한 시련을 잘 극복하고 위스키 로우로 돌아왔으니, 이제는 루이빌의 맏형으로

루이빌 무하마드 알리 거리 한 버번 바에 셰익스피어의
명문을 패러디한 광고판이 내걸려 있다.
"To Bourbon or Not to Bourbon, There is No Question."

서 계속 승승장구하기를 응원한다.

첫날 항공기의 지연과 결항으로 늦은 오후에 켄터키에
도착했기에 루이빌 시내의 여러 증류소를 보려던 내 계획은 차
질을 빚었다. 그중 한 군데 정도만 갈 수 있었기에 나의 선택은
당연히 올드 포레스터였다.

영화 〈킹스맨 2〉에서는 암호를 알아내기 위해 올드 포
레스터를 비워내는 장면이 나온다. 오늘 밤 내가 풀어낼 암호
는 위스키를 병에 담겠다는 생각과 과감한 투자를 결정한 CEO
의 고뇌이다. 어쩔 수 없이 달콤하면서도 느끼한 올드 포레스
터의 밑바닥을 확인해 보아야겠다.

구속할 수 없는 정신, 짐 빔
Jim Beam

무하마드 알리

켄터키 하면 나는 버번 다음으로 KFC의 샌더스 대령을 떠올린다. 하지만 켄터키 현지에서 그들을 대표하는 인물이 누구냐고 물어보면 이구동성으로 한 사람을 이야기할 것이다. 바로 세계 복싱 헤비급 챔피언 무하마드 알리이다. 나를 포함해서 1970년대 동아시아 한구석에서 아이들이 가지고 놀던 양철 딱지 중 가장 높은 계급의 딱지가 바로 알리의 본명인 클레이였다. 그 정도로 그는 세계에서 가장 뛰어난 권투선수였으며 유명한 스타였다.

1942년 켄터키 루이빌 빈민가에서 태어난 무하마드 알

갑자기 쏟아지는 폭우를 피해 우연히 들어간
첫 번째 켄터키 증류소 짐 빔.

리는 가난을 벗어나기 위해 권투 장갑을 끼었다. 그는 빼어난 권투 실력으로 1960년 로마올림픽에 참가해서 금메달을 땄다. 그런데 알리는 이 영광스러운 올림픽 금메달을 루이빌강에 던져버렸다고 한다. 인종차별을 받은 데 대한 저항의 행동이었다. 이후 그는 프로복싱계에 발을 디며 세계 헤비급 챔피언에 올랐다. 하지만 베트남전쟁을 반대하며 양심적 병역 거부를 했다가 세계 챔피언 타이틀을 박탈당하기도 했다. 그는 미국 주류 사회로 편입하여 안주할 수 있었지만 거부했다. 그리고 평생 자유와 평등을 위해 노력했다.

무하마드 알리는 1996년 미국 애틀랜타 올림픽의 성화 최종 주자로 센테니얼 스타디움에 섰다. 당시 알리는 늙고 파킨슨병에 걸려서 몸을 잘 가누지 못했지만, 꿋꿋이 홀로 성화대에 불을 옮겼다. 고향 켄터키를 비롯한 모든 미국인들이 그의 삶에 경의를 표하며 감동의 박수를 보냈다. 그간의 삶을 인정받고 영웅으로 다시 받아들여지는 순간이었다.

켄터키 곳곳에는 무하마드 알리를 기리는 상징물로 가득하다. 루이빌의 가장 번화한 중심가 이름은 '무하마드 알리 대로'이고, 루이빌 국제공항의 공식 명칭은 '무하마드 알리 국제공항'이다. 또한 켄터키주의 슬로건 '구속할 수 없는 정신'도 알리에게서 영감을 받은 문구이다. 이 '구속할 수 없는 정신'은 금주법을 둘러싸고 벌어진 주류와 비주류의 전쟁 당시 버번의 태도이기도 했다. 1933년 수정헌법 21조가 비준되면서 요란했던 금주법 시대는 막을 내렸다.

켄터키 더비

루이빌에서는 미국에서 가장 유명하고 큰 규모의 켄터키 더비 경마 대회가 열린다. 루이빌 남쪽에는 처칠 다운스라는 미국 최대 경마장이 있는데, 창업자 가족이 처칠이라는 성씨여서 붙은 이름이라고 한다. 대개 미국이나 영국의 큰 경마장은 지명이나 창업자 이름 뒤에 다운스를 붙여 명칭으로 쓴

짐 빔 증류소의 버번 숙성 창고.
높고 큰 창고의 외양이 스코틀랜드와는 사뭇 다르다.

다. 다운스는 잉글랜드 남부의 낮은 구릉지대를 뜻하는데, 말
달리기에 최적의 장소이다. 켄터키 더비는 매년 오월 첫째 토
요일에 열리는 세 살짜리 서러브레드 경주마들 대회이다. 더비
가 열리는 한 주 동안 루이빌은 미국 전역에서 몰려든 사람들
로 북새통을 이룬다. 할리우드 스타, 재력가, 유력 정치인까지
루이빌을 찾아와 자신이 베팅한 경주마를 응원하며 소리를 질
러댄다.

　　켄터키의 첫날 저녁은 이 경마장의 유서 깊은 스테이크
레스토랑에서 먹기로 했다. 처칠 다운스에 도착하니 워낙 부지
가 넓어 입구에서부터 직원이 마중 나와 전동차로 레스토랑이

있는 본관까지 안내해주었다. 도착해서 메뉴를 훑어보다가 먼저 처칠 다운에서 유래한 칵테일로 유명한 민트 줄렙을 주문했다. 민트 줄렙은 다른 버번으로도 만들 수 있지만, 원조인 이곳에서는 반드시 우드포드 리저브Woodford Reserve 버번을 사용해서 만든다. 이를테면 켄터키 더비 공식 지정 칵테일이고 위스키인 셈이다. 우드포드 리저브는 해마다 그해의 우승마를 주제로 켄터키 더비 스페셜 릴리스를 발매하는데, 라벨 디자인이 역동적이라 이를 모으는 수집가들도 많다. 나는 늘 좋은 위스키는 좋은 사람들과 그때그때 마셔버리는 편이라 남아 있는 것이 없는데, 최근 선물받은 2020년 스페셜 릴리스 한 병을 언제 오픈할까 고민 중이다. 참고로, 이 해의 우승마는 진짜배기라는 뜻의 오센틱이었다.

베르사유의 우드포드 리저브

베르사유에 있는 우드포드 리저브는 켄터키에서 가장 아름다운 증류소이다. 그렇다. 바로 베르사유 궁전과 같은 지명이다. 현재의 루이지애나주가 아닌 미국 중부 전체를 지칭하던 옛 루이지애나에는 프랑스식 지명이 정말 많다. 하지만 그 이름이 무색하게 프랑스를 떠올릴 만한 풍광과는 거리가 멀다. 반면 베르사유 지역은 자연과 증류소가 하나로 녹아들어 풍경화처럼 아름다운 곳이다. 위스키 로우에서 살아남은 마지막 증류소 올드 포레스터의 소유주인 브라운포맨사가 운영하는 또 하나의 증류소가 바로 우드포드 리저브이다. 올드 포레스터가 우리에게 익숙한 버번 맛이라면, 우드포드 리저브는 스카치라고 불러도 될 정도로 섬세하고 부드러운 맛이다. 이곳은 다른 버번 증류소가 대량 생산을 위해서 사용하는 연속식 증류기가 아닌, 주로 스카치 위스키 증류소에서 쓰이는 물방울 모양의 팟 스틸 증류기를 사용한다. 거기에다 다른 버번보다 좀 더 미묘하고 섬세한 맛을 끌어내기 위하여 웬만한 스카치 증류소보다 증류기의 목을 더 길게 하고, 증류 횟수도 2회가 아닌 3회이다. 그야말로 한 땀 한 땀 버번의 정수를 모아낸 부드러움의 끝판왕이다. 나는 우드포드 리저브를 칵테일로 마시는 게 아까워 원형 그대로 마시는 것을 선호한다.

오랜 인연과 작별하다

민트 줄렙을 주문하니 웨이터가 나를 보고, '뭘 좀 아네' 하는 표정으로 싱긋 웃으며 이것저것 말을 시켜온다. 매년 켄터키 더비 주간에 처칠 다운스 경주로가 내려다보는 이 레스토랑의 창가 자리는 프리미엄이 1만 달러가 넘는다며 자랑한다. 아마도 팁을 좀 두둑하게 달라는 뜻일 테다. 미국의 팁 문화를 무시할 수 없고 어차피 줄 생각이었기에 대신 이것저것 많이 물어보고 사진도 여러 장 부탁했다. 이 친구 말을 듣고 다시 둘러보니, 정말 농담이 아니라 재력가나 할리우드 스타라면 더비 시즌에 그 정도는 충분히 지갑을 열 만큼 경마장이 한눈에 들어왔다. 스테이크와 곁들인 음식도 모두 훌륭했지만, 역시 내게는 스테이크와 함께 음미하는 버번 한잔이 가장 좋았다. 나는 한국에서는 구할 수 없는 아이 더블유 하퍼I.W.Harper 버번을 주문했고, 역시 알싸하면서 진한 맛이 일품이었다. 저녁 식사를 마치고 나오는 길에 근사한 경마장, 민트 줄렙, 그리고 서러브레드 경주마를 좀 더 깊이 느껴보고자 다음 날 아침의 처칠 다운스 투어를 예약했다.

　　　다음 날 아침, 호텔 입구에서 전날 밤 발렛 주차로 맡긴 렌터카를 기다리고 있는데 20분이 지나도 소식이 없었다. 벨맨에게 물어보니 내 차가 방전되어서 지금 충전 중이라고 한다. 어쩐지 어제 발렛 주차를 해주던 젊은 친구가 좀 덜렁거린다 싶더니만, 아마도 라이트를 켜두고 문을 닫은 듯했다. 투어 예약 시간 때문에 더는 못 기다린다고 하니, 정말 미안하다면서 호텔 셔틀버스로 처칠 다운스까지 데려다주겠다고 했다. 내 렌터카도 충전이 끝나면 처칠 다운스로 가져다주겠단다. 나는 흔쾌히 벨맨 책임자가 운전하는 셔틀버스에 몸을 실었다. 젊은 이들은 실수를 통해 배워가는 법이고, 내 아들들도 늘 똑같은 짓을 한다. 그러니 조급하거나 화내지 말고 그들을 기다려줘야 한다. 나는 벨맨 책임자에게 어제 주차한 젊은이를 너무 혼내지 말라고 부탁했다. 벨맨 책임자도 유쾌하게 웃으며 그러마,

가장 큰 경마 이벤트인 켄터키 더비가 개최되는 처칠스 다운 경마장.
여기서 유명한 민트 줄렙 칵테일이 유래되었다.

약속해주었다.

그런데 처칠 다운스 투어가 끝나고 30분을 기다려도 호
텔에서 차가 오지 않았다. 전화해보았더니 차가 또 방전되었
단다. 한참을 더 기다려 자동차를 받았는데, 이제는 한결 친해
진 그 벨맨 책임자가 내게 렌터카로 멀리 운전하지 말라고 한
다. 렌터카에 뭔가 문제가 있는 눈치였다. 나는 렌터카 회사로
찾아가 새로운 차로 바꿔 탔다. 지난 30여 년간 미국 출장을 갈
때마다 H렌터카를 이용했는데, 요즘은 경비 절감 여파인지 대
부분 차량이 노후했고 정비 상태도 부실한 것이 확연히 느껴졌

다. 나는 20대 후반에 미국 IBM으로 장기 출장을 와서 노스캐롤라이나를 혼자서 오롯이 즐겼던 적이 있다. 그때 빌린 내 차가 벨 에포크 시절의 아이콘 시보레였다. 푸른색의 커다란 시보레를 타고 다니던 즐거운 추억은 여전히 생생하다. 그래서 그때부터 인연을 맺었던 회사가 이렇게 변해가는 모습이 무척 서운하다.

여행 시작부터 계획대로 되는 일은 하나도 없었지만, 어쨌든 여기는 켄터키가 아닌가. 여러 변수가 생겨도 버번 한잔으로 훌훌 털어낼 수 있음에 감사하다. 아무튼 미국산 차 대신 익숙한 소나타로 바꾸고서, 예정보다 늦었지만 서둘러 바즈타운으로 달려갔다. 버번의 고향 바즈타운은 미국에서 가장 아름다운 소도시로 손꼽힌다. 그런데 웬걸, 이번에는 엄청난 폭우가 몰아쳐 소나타 앞 유리가 깨질 듯 빗방울이 거세지고 앞이 안 보일 지경이었다. 비를 피해서 급한 대로 가장 가까운 증류소로 방향을 틀었다. 우여곡절 끝에 도착한 증류소가 바로 짐 빔Jim Beam이었다.

켄터키 프라이드 치킨과 수프, 그리고 짐 빔

유서 깊은 짐 빔 증류소에는 외관부터 근사한 바가 있는데, 나처럼 비를 피해 들어온 듯한 현지인도 많았다. 비를 맞고 조금 쌀쌀해진 터라 다들 따뜻한 수프와 치킨을 먹고 있었다.

물론 나도 같은 메뉴를 주문했다. Kentucky Burgoo라는 수프는 채소와 고기를 넣고 끓인 전형적인 남부 음식이다. 우리의 김치찌개처럼 집집마다 지방마다 레시피가 있으며 서로 자존심을 세우는 음식이다. 수프도 맛있었지만, 함께 나온 치킨은 눈이 휘둥그레질 만큼 맛있었다. 나는 반 마리를 시켰지만, 미국 치킨은 한국 치킨보다 두 배나 커서 양이 엄청났다. 잘 튀긴 닭고기에 꿀 소스를 입힌 일종의 양념치킨이었고, 바닥에 깔린 그린빈이 제대로 된 마리아주를 이루었다. 여기에 짐 빔 하이볼 한잔이 든든하게 받쳐주니 세상 부러울 것 없는 한 끼가 완성되었다. 진짜 켄터키 수프와 켄터키 프라이드 치킨, 두 가지 모두에 넉넉히 짐 빔 버번이 들어갔음은 물을 필요도 없었다. 만약 KFC를 만든 샌더스 대령이 이 맛을 봤더라면 이보다 맛있는 치킨 레시피를 만드느라 머리깨나 아팠을 듯하다.

미국 사회 주류와 비주류 세력의 전쟁은 현재 진행형이고, 승자를 예측할 수 없다. 대부분 미국 대통령의 성씨는 알파벳 모음이 아닌 자음으로 끝난다. 라틴계나 아일랜드, 다른 유럽계들은 성씨가 모음으로 끝나는 경우가 많다. 즉, WASP가 대대로 미국 대통령에 올랐다는 뜻이다. WASP가 아닌 첫 번째 미국 대통령은 케네디이다. 영어 표기로는 John Fitzgerald Kennedy, 즉 성씨가 모음인 Y로 끝난다. 케네디는 백인이지만 아일랜드계이고 종교가 가톨릭이라 WASP가 아니다.

케네디는 사후에 50센트 동전에 새겨졌다. 이 케네

디 동전은 미국인들에겐 행운을 준다고 알려졌다. 그래서 미국인들은 50센트가 보이는 대로 주머니에 집어넣는다. 그 탓에 50센트는 구경하기 힘들고 거의 유통되지 않는다. 나는 이 50센트 동전을 바닥으로 삼고 구리를 두드려 만든 수제 위스키 잔을 가지고 있다. 나는 꽤 오래전 처음으로 모 그룹에서 관리자를 대상으로 위스키 문화를 주제로 강의한 적이 있다. 이때 두둑이 받은 강사료로 무엇을 할까 고민하다가, 절반은 좋은 위스키를 한 병 사고 나머지는 케네디 동전으로 만든 위스키 잔을 네 개 주문하여 집에 두 개, 단골 바에 두 개를 두었다. 날씨 좋은 주말에 단골 바로 가서 올드 포레스터와 우드포드 리저브를 케네디 동전 잔에 따라두고 지난 켄터키의 추억을 되새김해야겠다. 미국은 이렇게 좋은 버번을 왜 금지하려 했던 것일까? 그 이유를 당사자인 버번에게 물어봐야겠다.

미국 남부 문화의 맛, 버팔로 트레이스
Buffalo Trace

인터스테이트 64번 고속도로

지난 10여 년간 수많은 증류소를 다녔고 어느 하나 내게 특별하지 않은 곳이 없었다. 스코틀랜드에는 '세상에 나쁜 위스키란 없다. 다만 좋은 위스키와 더 좋은 위스키만 있을 뿐'이라는 속담이 있다. 하드보일드 추리소설 작가로 유명한 레이먼드 챈들러는 이 속담을 위트 있게 살짝 비틀었다. '세상에 나쁜 위스키란 없다. 그저 다른 위스키보다 좀 맛이 없는 위스키가 있을 뿐.' 요즘처럼 위스키만을 떠받드는 광풍의 시대가 조금 부담스럽고 불편한 나는 챈들러에게 한 표 던진다. '하드보일드'는 원래 달걀을 완숙한다는 뜻이다. 달걀 완숙처럼 그의

프랭크포트의 가장 큰 증류소인
버팔로 트레이스 전경. 거대 주류 기업인 사제락에 속해 있어
수많은 다른 유명 위스키도 같이 생산하고 있다.

작품은 다른 해석의 여지를 두지 않고 담백하게 이야기를 서술해간다. 뭔가 복합적인 위스키의 맛이나 가치와 조금 다르기는 하지만, 위스키에 관한 그 표현만은 내 생각과 동일하다.

    켄터키 여행의 마지막 일정으로 프랭크포트 가는 길에 위치한 증류소들을 돌아보기로 했다. 프랭크포트는 과거 켄터키의 주도였지만 지금은 렉싱턴과 루이빌 사이에 낀 소도시로 전락했다. 프랭크포트의 버팔로 트레이스Buffalo Trace 증류소는 유명한 칵테일 이름이자 주류회사인 사제락Sazerac이 소유하고 있다. 덕분에 이곳 방문객들은 버팔로 트레이스 외에도 사제락에서 만든 이글 레어Eagle Rare, 블랑톤Blanton's, 콜로넬

E. H. 테일러Colonel E. H.Taylor, 웰러Weller 등 유서 깊고 풍미를 갖춘 멋진 버번을 만날 수 있다. 그 밖에도 사제락 라인업에는 조지 T 스태그George T Stagg, 패피 반 윙클Pappy Van Winkle, 올드 립 반 윙클Old Rip Van Winkle 등 한 병에 수천수만 달러를 호가하는 엄청난 하이 엔드 버번이 부지기수이다.

이른 아침, 켄터키의 태양을 막아줄 두툼한 오클리 선글라스를 낀 후, 어제 자동차 배터리 방전으로 고생한 벨맨에게 팁으로 시원하게 10달러를 건네고 자동차 시동을 켰다. 프랭크포트로 가는 길은 루이빌에서 동쪽으로 렉싱턴을 향해 뻗어 있는 인터스테이트 하이웨이 64번이었다. 화창한 날에 프랭크포트로 가는 길은 환상적이었다. 켄터키의 푸르고 높은 하늘과 끝없이 이어지는 켄터키 블루 그래스, 그리고 푸른 옥수수밭 사이를 달리는 마음도 무척 가벼웠다. 미국에서는 꽤 오랜만에 운전을 하는지라 햇병아리 시절의 추억이 새록새록 떠올랐다. 운전면허는 복학생 시절인 88올림픽 때 취득했지만, 실제로는 한동안 장롱면허였다. 대학을 졸업하고 회사에 취직해서야 운전을 제대로 배웠다. 신입사원 시절, 미국 노스캐롤라이나주로 1년 동안 파견 가서야 좌충우돌하며 스스로 운전을 익혔다. 1994년 미국 월드컵이 있었고, 한국이 사상 최고로 뜨거웠던 여름, 김일성이 죽었던 그해, 스물일곱의 나는 노스캐롤라이나의 한적한 시골에서 미국 도로 시스템과 각종 운전 노하우를 그야말로 몸으로 때우면서 배웠다.

시골 식당의 불청객

심슨빌과 셸비빌을 지날 즈음, 이제 곧 목적지인 프랭크포트에 도착하겠거니 생각했다. 그때 도로변에 서 있는 익숙한 사인 보드가 내 눈을 사로잡았다. 바로 불렛Bulleit 증류소였다. 꼭 가고 싶었던 증류소라 순간적으로 판단하여 그만 셸비빌로 들어가버렸다. '뭐, 여행이란 게 이런 변수도 있어야지' 생각하면서 꼬불꼬불한 시골길로 접어들었다. 마침 시간 여유도 있으니 잠깐만 보고 가야지 싶었다. 불렛 증류소 정문에는 스쿨버스 모양의 방문객용 차량이 서 있고, 직원들이 분주하게 물을 뿌리고 비질을 하며 오픈 준비에 여념이 없었다. 바깥에서 사진을 몇 장 찍다가 증류소 안으로 들어가려고 하니 안 된다고 한다. 오픈 시간이 11시부터라 30분은 더 기다려야 한단다. 11시 반까지는 버팔로 트레이스 증류소 관계자가 예약해준 레스토랑으로 가야 하기에 아쉽지만 외관 사진만 몇 장 더 찍고 돌아서 나왔다.

어째 오늘도 시작이 약간 불안하다. 나는 다시 차를 몰아 라임 워터라는 작고 예쁜 시골 레스토랑에 도착했다. 미국에도 아침 드라마란 게 있는지 모르겠지만, 그런 게 있다면 배경으로 나올 것 같은 외관이었다. 그런데 정작 예약이 안 되어 있다고 했다. 사실 나는 점심 예약을 부탁하지 않았는데, 증류소에서 굳이 예약해주겠다고 했다. 미국 도착 전부터 "레스토랑에서 증류소까지는 어떻게 이동할 거냐" 등등 세심하게 배려

해줘서 모든 게 물 흐르듯 순조롭게 진행될 줄 알았다. 호의를 거절하기 어려워 일정을 쪼개서 온 터였다. 이럴 줄 알았으면 불렛 증류소나 제대로 좀 보고 나올 걸 하는 생각이 들었다. 다행히 빈자리가 남아서 미국 중부의 평범한 일요일 아침, 햇살 좋은 동네 브런치 식당의 불청객으로 자리를 잡았다.

라임 워터는 동네 주민들이 일요일 교회를 다녀와서 브런치를 먹는 평범한 동네 맛집이었다. 식당에는 은퇴한 노부부 커플, 할머니부터 손녀딸까지 대가족, 모인 내 또래 중년 커플이 앉아 있었다. 큰 창으로 밝은 햇살이 비치고, 높은 천장에는 달그락거리는 커틀러리와 청아하게 접시 부딪히는 소리가 울려퍼져서, 앉아 있기만 해도 기분 좋은 레스토랑이었다. 예약도 안 된 불청객이었지만 버번 버거로 맛있는 점심을 먹고 무알코올 칵테일도 한잔했다. 그러다 문득 테이블에 앉아 있는 손님들이 예외 없이 모두 백인이라는 사실을 깨달았다. 가만히 생각해보면 그동안 들른 버번 증류소에서도 유색인종은 나뿐인 경우가 많았고, 어쩌다 동양인 한두 명, 흑인은 거의 볼 수 없었다. 그들만의 암묵적인 룰이 있는 것일까. 미국 사회의 한 단면을 본 것 같아 조금 씁쓸했다.

증류소 한쪽의 노천식당. 시원한 그늘 아래서
버번 하이볼 한잔으로 더위를 피한다.

증류소 곳곳에 있는 각 브랜드별 필링 스테이션.
오크통에 위스키를 채워서 적재한다.

미국 남부식 환대

버팔로 트레이스 증류소에 도착해서 접수대 직원에게 여권을 맡겼더니 한국 여권을 처음 본다고 신기해한다. 하지만 나는 예약된 투어 내용을 보고 조금 더 놀랐다. 심도 있는 레벨의 투어와 시음이 예약된 줄 알았는데, 그저 증류소를 한 바퀴 둘러보는 10달러짜리 투어였다. 영 내키지 않아 입구에서 알려준 대로 가이드를 찾아서 로비로 엉거주춤 들어가니, 푸근하게 인상 좋은 미국 아주머니가 반가이 맞아준다. 내가 이름을 말하니 살짝 놀란 표정이었다. 역시나 동양인 여행자는 거의 찾아오지 않는 게 분명했다. 그래도 노련한 가이드 레이는 이내 다른 관광객 10여 명을 차례로 호명하며 즐거운 증류소 투어가 시작되었다. 앞서 말한 대로 사제락은 아주 큰 주류 기업이고 브랜드가 무척 많아 관광객들에게 전부 설명할 수도 없을 텐데 어떤 식으로 투어를 진행할지 사실 좀 궁금했다.

일반적인 위스키 증류소에서는 증류 과정이나 공정에 대한 소개 위주로 투어를 진행한다. 그런데 가이드 레이는 그 대신 유서 깊은 건물들을 따라 걸으면서 자신들이 어떤 식으로 역경을 극복하고 훌륭한 버번을 만들게 되었는지 에피소드를 늘어놓았다. 그렇지 않아도 영어가 모국어가 아닌 나로서는 레이가 투박한 켄터키 사투리로 빠르게 말하는 바람에 그 내용을 대부분 이해하기가 어려웠다. 레이는 아랑곳하지 않고 정말 열심히 각 건물의 역사를 설명하며 모든 참가자를 골고루 배려하며 다양한 질문을 던졌다. 특히 유일한 동양인인 내가 특이해 보였는지 계속 내게 질문을 던졌고, 내가 곧잘 대답하니 더더욱 깊은 질문을 해서 살짝 곤란하기도 했다. 투어 마지막 순서인 시음장에서도 역시 내게 클로징 소감을 물었고, 나는 인생 버킷리스트 중의 하나인 버팔로 트레이스 증류소까지 와서 정말 즐거운 시간을 보내게 해주어 감사하다고 답했다. 이윽고 레이가 뭔가를 쓱 내미는데, 살펴보니 이곳 마스터 디스틸러의 친필 사인이 들어간 버번이었다. 나 같은 위스키 마니아에게 마스터의 사인이 들어간 병은 진귀한 보물이나 다름없었다. 모두의 부러움을 받으며 선물을 살펴보니 이곳의 주력 제품인 이글 레어 버번이다.

그제야 오늘 일어난 모든 과정이 다 이해가 되었다. 이게 미국식 환대이자 의전이었다. 그들은 혼선이 있기는 했지만, 도시에서 보기 힘든 레스토랑을 예약해주었다. 또한 10달러짜리 관광객용 투어 프로그램이었지만 노련한 가이드가 계속 질문하면서 관심을 보내주었다. 마지막엔 마스터의 사인이 들어간 이글 레어를 '츤데레'처럼 툭 건네주었다. 그러니 켄터키와 버번을 어찌 사랑하지 않을 수 있을까? 귀국 후, 멋진 이글 레어 버번 두 병 중 하나는 대학 은사님께 드렸고, 남은 한 병은 언제 어떤 사람들과 오픈할지 고민 중이다.

Know Your Limits

나는 해외여행을 할 때 한식 금단 증상이 다른 사람보다는 비교적 덜한 편이라 자부한다. 그래도 나이가 들수록 그 면역력이 조금씩 떨어지는 것을 느낀다. 루이빌에서 한식이 당겨서 시내에 있는 한식당으로 향했다. 한식당은 주택가에 자리하고 있었는데, 한류 영향 때문인지 현지 주민들의 예약이 가득 찬 상태였다. 다행히 전화를 받은 한국인 매니저가 특별히 예약을 받아주었다. 한식당 주변 동네는 고즈넉하고 여유가 넘쳤다. 루이빌의 여피족들이 선호할 만한 근사한 레스토랑과 가게가 길가에 늘어서 있었다. 한식당 한쪽 벽면을 가득 채운 스크린에서는 서울 강남의 저녁 풍경을 계속 영상으로 보여주었다. 그리고 테이블에는 한국인보다 많은 다양한 인종의 손님들이 자기 나름의 방식으로 한식을 소화하고 있었다. 사실 문화 소비에는 정답이 없다. 오센틱하다는 것이 반드시 정답은 아니기에 그들의 젓가락질, 먹는 방법, 먹는 순서 등이 우리 전통 방식과 다소 차이가 나더라도 그저 조용히 지켜보았다. 우리가 버번이나 위스키를 마실 때도 반대의 경우를 상상할 수 있다. 나는 한식 양념을 한 미국 쇠고기로 푸짐하게 한 상 먹었다.

술병에 적힌 음주 경고 문구는 우리나라와 미국과 영국이 서로 다르다. 여기서도 우리와 그들, 영국과 미국 간의 차이를 느낄 수 있다. 우리나라는 몇 가지 버전이 있지만, '지나친 음주는 간경화나 간암을 일으키며, 운전이나 작업 중 사고 발생률을 높입니다'처럼 의료 처방전 같은 느낌이다. 영국은 조금 우아하게 'Drink Responsibly(책임질 수 있을 만큼 마셔라)'인 데 비해 미국은 직설적으로 'Know Your Limits(네 주량껏 마셔라)'이다. 우리의 문어체적인 음주 경고보다는 좀 더 직접적으로 다가온다. 맛있는 쇠고기도 실컷 먹은 터라 살짝 한잔 더 하고 싶었지만, 오늘은 나의 한계를 자각하고 이쯤에서 마무리해야겠다. 주량이 아니라도 'Know My Limits'는 우리 인생에서 매우 중요하다. 나의 분수, 나의 상황을 정확히 이해하면 대부분 일들이 순리대로 풀리는 경우가 많다. 나아가 그다음 단계인 Know Yourself로 나아갈 수도 있을 것이다. 모두가 바로 소크라테스가 될 수는 없으니, 그전에 자신의 한계를 정확히 이해한다면 스스로에 대한 이해가 훨씬 높아질 수 있을 것 같다. 내 주량은 위스키 세 잔!

마운트 버넌의 정수, 조지 워싱턴 라이 위스키
George Washington Rye Whiskey

조지 워싱턴과 마운트 버넌

미국 역사를 공부한 사람이라면 대부분 마운트 버넌에 대해 들어봤을 것이다. 조지 워싱턴이 초대 대통령의 임기를 무사히 마쳤을 때, 수많은 사람들이 그에게 왕이 되어주기를 간청했다. 하지만 조지 워싱턴은 단호하게 거절하고 마운트 버넌으로 내려가 살다가 생을 마무리했다. 조지 워싱턴은 세계 최강국의 초대 대통령답게 여러 가지 미화된 일화와 전설이 전해 내려온다. 그중 한 이야기는 워싱턴 위인전에 빠짐없이 등장할 만큼 유명하다. 워싱턴은 여섯 살 때 생일선물로 받은 도끼를 가지고 놀다가 아버지가 아끼던 벚나무를 찍어 베어버렸

마운트 버넌에 있는
조지 워싱턴 위스키 증류소.

다. 아버지가 불같이 화를 내자 워싱턴은 정직하게 자기가 그
랬노라고 고백해서 용서를 받았다.

이 유명한 일화는 사실 지어낸 이야기이다. 그래도 마운
트 버넌에는 관련된 전시물이 여전히 그대로 남아 있다. 미국
인들의 조지 워싱턴에 대한 애정 수치로 본다면 마운트 버넌
전시품은 애교 수준이다. 조지 워싱턴은 미국인에게 존경스럽
고 사랑스러운 우상이고 영웅이다.

참고로, 워싱턴의 어릴 적 이야기를 꾸며낸 작가는 양념
치기 전문가다. 어떤 사람이 벤저민 프랭클린에게 물건 가격을
물어볼 때마다 가격을 높여 말하여 시간의 가치를 알리게 했다

는 이야기도 이 작가의 창작품이다. 후일 그 이유를 물어보니, 훌륭한 분들의 위인전인데 책을 너무 얇게 만들면 안 될 것 같아서 그랬다고 한다. 이 양념 전문 작가의 작품뿐만 아니라, 미국에는 영화든 드라마든 픽션이든 논픽션이든 미국 건국 전후를 다룬 사극이 넘쳐난다. 미국은 다양한 문화적·역사적 배경을 가지고 합류한 사람들이 세운 다민족국가이다. 이들에게 초기 건국 과정을 다룬 사극으로 미국의 역사와 국가 정신을 끊임없이 심어주고 있는 것이다. 상대적으로 짧지만 자기네 역사에 대한 자부심이 대단해 보인다.

거대한 피라미드가 없는 거대한 나라

지난겨울에 미국 여행을 다녀온 뒤로 겸사겸사 위스키 관련 자료를 조사해보았다. 미국의 위스키 역사를 공부할수록 여행 경로와 목적지를 정할 때 몇 가지 선택지를 두고 고민이 깊어졌다. 아무래도 미국 독립혁명과 남북전쟁의 역사를 떼놓고는 정리가 되지 않았다. 그래서 독립혁명과 남북전쟁을 테마로 정했고, 이와 관련된 경로를 따라 뉴욕에서 출발하여 미국 동남부의 역사적인 도시들을 도장 깨기 하듯 하나하나 거쳐 내려오기로 했다. 그 첫걸음이 닿은 곳이 바로 마운트 버넌이었다.

워싱턴DC에서 포토맥강을 따라 남쪽으로 내려오다 보

조지 워싱턴의 서재.

면 알렉산드리아와 마운트 버넌이 나란히 맞이해준다. 한국인들은 워싱턴DC를 여행할 때 대체로 DC에서 지하철이 연결되는 알렉산드리아까지는 가보지만, 생소하고 살짝 민속촌 느낌이 나는 마운트 버넌까지는 굳이 가지 않는다. 하지만 나는 다른 곳은 몰라도 마운트 버넌만은 꼭 가보고 싶었다. 워싱턴이 대통령을 퇴임하고 이곳에서 당시 미국 최대의 위스키 증류소를 운영했기 때문이다. 그는 스코틀랜드에서 공부한 전문 마스터 디스틸러까지 고용했으며, 곡물을 효율적으로 빠르게 분쇄하도록 설계된 제분소를 증류소 안에 세웠다. 이를 통해 위스키 맛을 고급스럽게 유지하고 대량 생산된 제품을 일관되게 공급하는 시스템을 만들었다. 조지 워싱턴은 위스키 업계의 새로운 변화를 이끌어낸 혁신가였다.

마운트 버넌 주택과 주변 시설은 국가 공식 기념관이나 박물관이 아니고, 민간 재단이 만든 상업 시설이다. 마치 놀이공원이나 민속촌처럼 잘 꾸며져 있고 볼거리가 많기는 하지만, 정부와 아무런 상관없이 운영되기 때문에 입장료도 매우 비싸다. 기본 입장권이 28달러이고, 10~60달러에 이르는 각종 스페셜 투어를 제공하는 것을 보면 역시 자본주의의 대국답다. 다만 기본 입장권에 포함된 프로그램 내용이 매우 충실한 것을 보니, 스페셜 투어도 아마 돈값을 할 것 같다.

마운트 버넌 주택의 언덕에서 내려다본 포토맥강 풍광은 날씨가 을씨년스러워서인지 조금 쓸쓸했다. 하지만 마운트 버넌으로 돌아온 조지 워싱턴의 자부심만은 오롯이 느낄 수 있었다. 한 나라의 초대 대통령이 되어 민주주의 국가의 기틀을 세웠으며, 신념에 따라 왕이 되지 않고 스스로 물러난 멋진 남자. 마운트 버넌 한쪽 언덕에 만들어진 그의 묘는 작고 수수하지만, 역대 어떤 왕의 묘지보다 품위 있게 빛난다.

미국 정부는 미영전쟁으로 불타버린 국회의사당(캐피탈힐)을 새로 건축하면서, 건물 지하에 조지 워싱턴의 묘를 만들어 모시고자 했다. 하지만 유해를 옮기는 게 그의 뜻을 거스른다는 의견도 많았으며, 논란 끝에 결국 마운트 버넌에 남게 되었다. 그 이후 어떤 미국 대통령도 감히 국회의사당의 묏자리를 탐하지 않아서 지금도 그대로 비어 있다. 마운트 버넌에 오기 전에 국회의사당을 방문했지만, 그 못자리는 관광 코스에 들어 있지 않았다. 프랑스 파리 앵발리드에 가면 나폴레옹 황제의 묘도 볼 수 있는데, 조지 워싱턴의 빈 못자리 정도는 보여주어도 좋지 않을까? 초대 대통령의 거대한 영묘도 없는 미국이 어떻게 거대한 왕릉을 만든 어떤 나라보다 강한 나라가 되었는지에 대한 설명을 곁들인 투어 프로그램을 만들면 더 멋질 것이다.

조지 워싱턴과 1달러 지폐

조지 워싱턴은 한편으로 시대를 앞서간 페미니스트였다. 미국에서 1891~96년에 유통된 1달러 은태환 지폐에는 조지 워싱턴의 부인 마사 워싱턴이 새겨져 있다. 정치적인 이유로 잠깐 등장한 포카혼타스와 더불어 현재까지 미국 지폐에 등장한 유이한 여성이다. 재력가의 미망인이던 마사 워싱턴과 결혼한 덕에 조지 워싱턴은 막대한 부를 소유하게 되었다. 조지 워싱턴은 오랫동안 미국 역대 대통령 중 부자 순위 1위를 유지했다(도널드 트럼프가 대통령에 오르면서 순위가 밀리기는 했다). 마사 워싱턴은 이전 남편과의 사이에서 태어난 자식들이 있었다. 조지 워싱턴은 의붓자식들을 아끼고 사랑했으며, 마사의 재산이 온전히 의붓손주들에게 가도록 배려했다. 마사 워싱턴도 조지 워싱턴을 아낌없이 지원하고 헌신했다. 이렇게 조지 워싱턴과 마사 워싱턴은 미국 상류사회에 발을 내디딜 수 있었다. 그들은 열정적으로 사교 모임에 참여하면서 정치적 지위를 넓혀 갔다. 마운트 버넌에는 미국 독립운동을 위해 프랑스에서 건너온 귀족 라파예트의 방이 있을 정도였다. 클린턴과 힐러리, 트럼프와 멜라니아 같은 쇼윈도 부부가 아니라, 진심으로 사랑하며 함께 많은 업적을 쌓은 대단한 커플이었다.

조지 워싱턴 얼굴이 새겨진 1달러 지폐는 발매 당시엔 비교적 고액권이었다. 지금은 화폐 가치가 하락하여 위상이 예전만 못해서 이제는 팁으로 쓰기조차 쉽지 않다. 미국에서는 이 문제를 해결하기 위해 오래전부터 1달러짜리 동전을 발매했다. 보통 화폐 가치가 하락해서 지폐가 동전으로 대체되면 해당 지폐를 더는 발행하지 않게 마련이다. 하지만 미국에서는 조지 워싱턴이 새겨진 1달러 지폐를 없앨 수 없어 동전과 함께 사용한다. 나는 이번 여행에서 자판기에서 기차표를 현금으로 구입한 적이 있는데, 거스름돈으로 1달러 동전이 몇 개 나와 기념으로 잘 간직하고 있다. 요즘에는 자판기도 대부분 신용카드를 사용하니, 현금을 넣어 쓰는 자판기는 시골에서나 어쩌다 볼 수 있는 세상이 되었다.

위스키 반란의 아이러니

조지 워싱턴을 이야기하자면 '위스키 반란' 사건을 빼놓을 수 없다. 미합중국 연방과 주정부는 독립전쟁으로 채무가 눈덩이처럼 불어났다. 채권을 발행했지만 역부족이었고, 결국에는 이를 갚기 위해서 증세를 선택할 수밖에 없었다. 어느 정부나 마찬가지지만, 술은 항상 과세 대상 우선순위이다. 그리고 그 이면에는 연방정부의 권한 강화를 주장하던 재무장관 알렉산더 해밀턴의 의도가 숨어 있었다. 대통령도 아니면서 10달러 지폐에 나오는 바로 그 사람이다. 조지 워싱턴의 오른팔이자 CFO였던 해밀턴은 중도파인 존 애덤스 부통령과 공화주의자인 제퍼슨 국무장관과 대립하며 위스키 과세를 이끌어냈다. 이를 통해 미국 초기 연방정부는 국가 통합이라는 대의를 성취하고 국가 과세 능력을 강화했다. 하지만 이후 연방정부의 권위와 역할, 주정부와의 균형에 대한 정치적 담론은 양 진영 모두에게 큰 숙제가 되어버렸다.

여하튼 위스키에 대한 과세가 집행되면서 펜실베이니아 농민들을 중심으로 저항이 일어났고, 조지 워싱턴은 무자비하게 무력으로 저항 세력을 진압했다. 이 사건이 바로 '위스키 반란'이다. 위스키 반란의 여파로 소규모 증류업자들이 도태되고 위스키 산업은 기계화·대형화의 길로 접어들었다. 조지 워싱턴이 대통령 재임 시에 이런 위스키 반란을 진압하고, 퇴임한 후에 미국에서 가장 큰 위스키 제조업자가 된 것 또한 역사의 아이러니이다.

　마운트 버넌에서 당시의 증류기와 관련된 역사를 공부하고 난 후, 워싱턴 따라 배우기 프로젝트 일환으로 극장에서 상연하는 위스키 반란 학습 영화를 보았다. 관객들은 저마다 조지 워싱턴이 되어 위스키 반란을 어떻게 처리할지에 대해 해밀턴을 비롯한 참모진의 다양한 의견을 듣는다. 그 의견의 수용도를 퍼센티지로 계량화하여 접수한 다음, 스스로 위스키 반란을 어떻게 처리할지 결정했다. 이후 자신의 결정이 그동안 이 극장을 거쳐간 관객들의 결정과 얼마나 다른지 빅데이터로 비교해보았다. 그 결과치를 보며 결정의 정당성과 이에 따른 후폭풍에 대해 고민해볼 수 있었다. 이 프로그램은 이 밖에도 여러 편의 영화로 많은 시나리오를 다채롭게 학습하며 리더십과 창의력을 기르게 해주었다. 결코 하나의 정답을 강요하지 않고, 담담히 본인의 생각을 말하게 하고, 그에 따른 의사결정을 존중했다. 논리적이고도 감성적으로 논의를 진행해가는 과정은 자라나는 세대에게도 큰 도움이 될 것이다. 이렇듯 마운트 버넌은 그저 상술에 민감한 민속촌만은 아니었다. 덕분에 아주 흥미롭고 재미있게 역사와 인생을 배웠다.

최첨단 제분소의 물레방아와 맷돌

　비싼 입장권을 내고 둘러본 마운트 버넌에서는 아무리

조지 워싱턴의 묘소. 현대 로마제국으로 불리우는 초강대국
미국 건국의 아버지 묘소로는 지극히 소박하다. 지금도 많은 미국인들이
즐겨 찾는 명소로, 어떤 거대한 피라미드보다 큰 감동을 준다.

찾아도 위스키 증류소가 보이지 않았다. 안내소에 물어보니 겨
울에는 증류소를 개방하지 않으며, 그나마 위치도 마운트 버넌
저택이 아니라 4마일쯤 떨어진 곳에 있다고 했다. 실망에 겨워
어쩔 줄 몰라 하고 있는데, 사람 좋게 생긴 안내소 직원이 일단
그 증류소에 가서 한번 부탁해보라고 말해준다. 그 직원이 가르
쳐준 대로 버지니아 235번 도로를 타고서 증류소로 달려갔다.

증류소에 도착해보니 바로 옆에 당대 최첨단 시설을 갖춘 거대한 제분소가 붙어 있고, 그 사이에 개울물이 흐르고 있었다. 최첨단 제분소 시설이라고 해서 뭔가 대단한 정밀 기계를 생각했다면 오산이다. 초미세 밀가루를 만들 수 있는 정교한 프랑스산 맷돌과 계곡의 물레방아가 전부였다. 하지만 그 시대에는 레버로 맷돌 간격을 조절하고, 이를 통해 곡물 가루를 원하는 크기로 갈아낼 수 있는 혁신적인 도구였다. 조지 워싱턴이 물레방아를 사용한 제분 자동화 시스템을 갖춘 것은 1791년인데, 자석과 전기장의 관계를 알아낸 패러데이가 태어난 해이기도 하다. 따라서 이때는 전기를 동력원으로 사용하기란 전혀 불가능했다. 당시에는 물레방아로 안정적인 동력원을 확보하는 기술도 쉽지 않았다. 조지 워싱턴은 계절마다 강수량의 차이가 커지는 문제를 해결하기 위해 개울 상류에 연못을 크게 파고 배관을 물레방아와 연결했다.

이처럼 어느 시대, 어느 나라에서건 성공한 기업가들은 당대의 기술 수준에 맞추어 최대한 합리적인 프로세스를 만들고 정확히 실행해낸다. 자동화 시스템으로 만들어진 조지 워싱턴의 밀가루는 하급품보다 4~5배 비싼 가격으로 팔렸다. 지금도 마운트 버넌 기념품 가게에서는 이 밀가루를 판매하고 있다.

밀가루를 만들던 물레방앗간은 단시간에 기업화되었고, 곧이어 퇴임한 조지 워싱턴은 호밀을 빻아서 만든 라이Rye 위스키를 생산했다. 이것이 한동안 중단되었다가 최근 다시 부활한 조지 워싱턴George Washington 위스키이다. 제분소와 증류소 주위를 한참 돌아보다가 우연히 직원을 만났다. 증류소 안으로 들어가게 해달라고 부탁했으나 밖에서 보는 것만 허락받았다. 한참이나 둘레를 서성이며 자그마한 틈새로 내부를 들여다보며 아쉬움을 달래고 돌아서야 했다. 사실 나는 그때까지 조지 워싱턴 위스키를 마셔보지 못했다. 증류소를 투어하며 시음해보려고 했는데, 겨울에는 문을 닫는다니 더욱 속상했다.

마운트 버넌 기념품 가게에서 드디어 조지 워싱턴 위스키를 찾았는데, 애국심이 없이는 구입하기 힘든 가격이다. 5년 숙성한 라이 위스키 작은 병이 225달러였다. 원래 병 크기라면 450달러가 되는 셈이다. 아쉽게도 나는 미국에 대한 애국심이 그 정도는 없으니 입맛을 다시며 돌아서야 했다. 오크통 숙성을 거치지 않은 뉴 스피릿 원액도 작은 병에 98달러이니, 미국인들도 대부분 여기에서 애국심이 무너진다. 그래서 거의 팔리지 않는데도 가격은 내리지 않는다. 어차피 사야 할 사람은 살 테니 가격 조정으로는 승부하지 않겠다는 마운트 버넌의 자존심이 얄궂다. 나도 기회가 된다면 조지 워싱턴 라이 위스키 5년 한잔쯤은 마셔보고 싶다. 그 비싼 라이 위스키 한잔에 조지 워싱턴의 고뇌를 한 방울 떨어트려서 원샷!

재즈를 완성하는 한 방울, 뷰 카레
Vieux Carré

세상의 모든 버번이 모여드는 곳

나는 위스키 여행의 종착지로 루이 왕의 땅, 그 남쪽 끄트머리 미시시피강 삼각주가 있는 도시 뉴올리언스를 택했다. 미시시피강 상류에서 만들어진 모든 버번이 도착하는 곳, '욕망이라는 이름의 전차'가 달리던 흥청거리는 그 도시이다.

요란한 굉음에 문득 잠에서 깨어보니 항공기는 어느새 미시시피강 삼각주 위를 날고 있다. 비행기 창밖으로 내려다본 진흙 색깔의 거대한 델타는 아주 생경하고 으스스해 보였다. 삼각주 위로 크고 작은 물길이 한여름 활짝 핀 소금꽃처럼 어지럽게 불규칙적으로 뻗어나가고, 그 한가운데로 미시시피강

뷰 카레 칵테일이 탄생한 몬텔레온(몬테레오네) 호텔의 더 캐로셀 바.
회전목마처럼 15분에 한 바퀴씩 회전한다.

본 줄기가 마치 거대한 뱀처럼 꿈틀꿈틀 관통하고 있었다. 이윽고 델타1680편은 마치 달 표면에라도 내리듯 미시시피 삼각주의 한가운데로 그대로 미끄러지며 도심에서 한참 떨어진 황량한 뉴올리언스 국제공항에 착륙했다.

　　사실 애틀랜타의 하츠필드 잭슨 공항에서 비행기에 올랐을 때만 해도, 뉴올리언스 마디그라 축제가 막 끝난 뒤라 끈적한 욕망의 흔적들만 덤덤히 들여다볼 거라고 상상했다. 이곳 뉴올리언스를 무대로 인간 군상의 욕망을 가감 없이 스크린으로 옮겨낸 엘리아 카잔의 영화 〈욕망이라는 이름의 전차〉의 슬픈 결말처럼 나도 이곳에서 욕망의 끝자락을 슬쩍 맛보고 싶었다. 그때까지만 하더라도 앞으로 벌어질 흥미진진한 나흘의 여정을 전혀 상상하지 못했다. 나는 날것 그대로의 뉴올리언스를 마주하게 되었다.

뉴올리언스 국제공항의 정식 명칭은 그 이름도 찬란한 재즈의 거장 '루이 암스트롱' 국제공항이다. 뉴올리언스는 누가 뭐래도 재즈의 도시이다. 재즈와 함께 한껏 느긋하게 인생을 즐기는 것이 가장 큰 미덕인 도시다. 뉴올리언스 주민들은 이곳을 'Big Easy'라고 부른다. 도착한 첫날 이곳의 명물 포보이를 먹은 레스토랑 이름은 그래서 또 'small easy'였다.

프랑스인들이 최초로 개척했기에 프렌치 쿼터로 불리는 시내 번화가는 수차례 전란을 거치며 이제는 스페인풍 건물만 가득 찬 모순의 도시가 되어버렸다. 이 아이러니 하나만으로도 뉴올리언스의 질곡의 역사를 미루어 짐작할 수 있다. 뉴올리언스는 역사만큼이나 다양한 인종들이 독특한 방식으로 융합되어왔고, 그 진화는 현재진행형이다. 아메리칸 위스키의 원류를 찾아서 떠난 내 여행의 마지막 목적지는 켄터키도 테네시도 아닌, 모든 위스키가 모여들고 소비되는 이곳 프렌치 쿼터의 버번 스트리트일 수밖에 없었다.

루이지애나를 둘러싼 세 나라의 아이러니

북미 대륙에서 버지니아 서쪽은 모두 프랑스 루이 부르봉 왕조의 땅이었다. 부르봉은 영어로는 버번이라고 발음했다.

그래서 그곳에서 만들었건 그곳에서 소비되었건, 그 땅의 위스키는 모두 버번이라고 불렸다. 미시시피강을 따라 끝없이 펼쳐진 광대한 땅은 '루이 왕의 땅', 곧 루이지애나로 불리게 되었다. 뉴올리언스가 있는 현재의 루이지애나주는 이 루이지애나의 아주 작은 일부였다. 미국 본토의 약 40퍼센트를 차지하는 미시시피강 유역은 대부분 프랑스령 루이지애나가 되었다.

루이 왕을 몰아낸 프랑스혁명의 수혜자 나폴레옹은 영국과의 전쟁을 위해 루이지애나를 미국에 단돈 1천5백만 달러에 팔아버린다. 나폴레옹으로서는 구시대와 결별하기 위해서라도 당연한 선택이었을 것이다. 1천5백만 달러는 당시에 미국 국가 예산에 해당할 만큼 큰돈이어서 영국에서 빌릴 수밖에 없었다. 이 돈이 다시 영국과 전쟁을 벌이던 나폴레옹에게로 돌아갔으니 역사는 아이러니의 연속이다.

미국은 처음에는 뉴올리언스만을 매입하려고 했지만, 나폴레옹의 역제안으로 5백만 달러를 더 내고 루이지애나 전체 땅을 구입했다. 당시 파리로 갔던 미국 대표단은 이처럼 중요한 문제를 본국의 지시 없이 독자적으로 결정했다. 결과적으로 미국 역사를 뒤바꿀 위대한 거래를 성사시킨 셈이다. 지금도 미국에서는 중요한 의사결정의 기로에 섰을 때를 '루이지애나 매입의 순간'이라고 표현할 정도이다. 물론 나폴레옹도 부족한 전쟁 비용을 이곳에서 메웠으니 양쪽 다 승리한 협상인 셈이다. 협상이란 이런 것이다.

뉴올리언스라는 지명은 백년전쟁 때 잔 다르크가 영국군으로부터 구원한 오를레앙에서 유래한다. 즉, '누벨 오를레앙'의 영어식 발음이 '뉴올리언스'이다. 뉴올리언스 도심 한가운데 가장 멋진 곳에는 잔 다르크 동상이 석양을 바라보고 서 있다. 온통 금빛으로 번쩍이는 잔 다르크는 새로운 오를레앙을 바라보며 무슨 생각을 하고 있을까?

프랑스는 미국 독립 백주년을 축하하며 자유의 여신상을 선물했고, 이 잔 다르크 동상은 오를레앙 시민들이 2백주년을 기념하여 뉴올리언스에 보낸 선물이다. 잔 다르크 동상을 따라 걸어가면 독립전쟁의 영웅 잭슨 대통령을 기념하는 광장이 나온다. 해밀턴 재무장관은 브로드웨이 뮤지컬 〈해밀턴〉의 대성공으로 10달러 지폐 주인공 자리를 지키게 된 반면, 잭슨 대통령은 브로드웨이 뮤지컬 〈블러디 블러디 잭슨〉의 실패로 20달러 지폐의 주인공에서 퇴장할 위기에 놓였다. 지난 2021년에 미국 재무부는 20달러 지폐의 주인공을 흑인 여성 운동가 해리엇 터브먼으로 바꾸겠다고 발표했다. 잭슨 기마상이 바라보고 있는 미국에서 가장 오래된 성당의 이름은 생 루이(세인트루이스), 역시나 이곳은 여전히 루이의 땅이다.

잭슨광장 바로 앞에는 유명한 카페가 있다. 미국인 위스키 친구가 뉴올리언스에 가면 꼭 가보라고 추천해준 Café Du Monde이다. 이 카페에서 파는 베네는 특별한 반죽으로 튀겨낸 쫄깃쫄깃한 도넛인데, 이 베네에 파우더 슈가를 산처럼 뿌려서

프렌치 쿼터를 걷던 중 발견한 모델들.
뉴올리언스 어디서나 길거리 공연 퍼포먼스를 자주 접할 수 있다.

치커리 커피와 함께 마시는 것이 뉴올리언스식 아침이다. 아침 시간이면 잭슨광장의 길거리 밴드가 손님이 많은 이곳 카페 앞에서 재즈를 연주한다. 그들은 두둑한 팁으로 흥겹고, 신나는 타악기와 트럼펫 연주를 보고 듣는 사람들도 즐거워 저절로 어깨가 들썩이니 그야말로 윈윈이다. 영화 〈아메리칸 셰프〉에서 몰락한 셰프가 아들에게 인생의 첫 베네를 맛보게 해주려고 일부러 Café Du Monde에 들르는 장면이 나온다. 누구에게나 무엇에 대해서나 인생의 처음은 있는 법이다. 우리는 과연 그 순간을 즐기고 있는지 자문해본다. 슬며시 자신 없어지지만, 그래도 Carpe Diem!

뷰 카레와 옥토룬

어둠이 내리기 시작할 무렵, 잠깐 목을 축이려고 번잡한 버번 스트리트를 벗어나 어느 골목의 작은 바로 들어갔다. 우연히 들어왔지만, 꽤 유서 깊은 셀레스틴 호텔의 바였다. 자연스레 뉴올리언스의 칵테일인 뷰 카레Vieux Carré를 주문했고, 이는 앞으로 닷새 동안 매일 마시게 된 첫 번째 뷰 카레가 되었다. 원조라는 몬텔레온 호텔의 캐로셀 바에서도 뷰 카레를 즐긴 적이 있지만, 지금도 내게는 셀레스틴 호텔 바에서 처음 마셨던 뷰 카레가 가장 뇌리에 남아 있다. 사실 뉴올리언스를 대표하는 칵테일은 사제락이지만, 나는 뷰 카레를 훨씬 선호한다. 사제락보다는 프렌치 쿼터와 루이 왕들을 추억하는 뷰 카레가 왠지 더 뉴올리언스스럽기 때문이다.

밖으로 나와 걷다 보니 어느덧 로열스트리트 824번지 앞으로 왔다. 이곳은 크리올 혼혈인 '줄리의 집'으로 유명하다. 줄리는 크리올이면서 흑인의 피가 8분의 1인 옥토룬이다. 남북전쟁 이전 미국에서는 백인 외의 피가 얼마나 섞여 있는지로 사람을 구분하고 차별했다. 이 구분법은 남북전쟁 당시 남부와 북부를 나누는 기준이 되었다. 4분의 1인 혼혈인 쿼드룬은 외관상 백인과 확연히 구분되지만 옥토룬은 백인과 구분하기 어려웠는데, 남부연방 지역에서는 옥토룬을 흑인으로 구분했다.

'한 방울의 법칙'이라는 게 있다. 위의 경우처럼 유색인종의 피가 한 방울이라도 섞인다면 백인으로 인정하지 않는다

캐로셀 바에서 마신 진짜 원조 뷰 카레 칵테일.
뷰 카레는 '오래된 광장'이란 뜻으로 프렌치 쿼터의 옛 이름이다.

는 뜻이다. 한 방울의 법칙은 유색인종을 통제하는 수단으로 악용되어왔다. 지금은 한 방울의 법칙이니 옥토룬이니 하는 표현이 표면적으로는 사라졌다. 하지만 미국 사회의 이면에서는 여전히 보이지 않는 시스템으로 작동하고 있다. 어쩌면 우리의 이면에도 구습과 선입견이 존재할지도 모른다. 어떻게 하면 편견과 차별을 떨쳐낼 수 있을까? 보편적인 가치로 끝없이 균형감각을 갖추어갈 수밖에 없다. 그리고 이런 균형감각에는 여유한 잔이 반드시 필요하다. 우리의 부족한 균형감각을 버번 한 방울로 채워보면 어떨까? 나만의 한 방울의 법칙!

에필로그

내 삶의 원동력, 호기심

어느덧 위스키 여행을 시작한 지 10여 년이 훌쩍 넘었다. 그사이 전 세계 많은 증류소들을 방문해서 여러 사람들을 만났고 그들과 위스키에 관한 이야기 외에도 다양한 삶의 담론을 나누었다. 아일라섬에서는 초현실주의적인 옐로 서브마린을 언뜻 목격했고, 아드벡에서는 짐의 아버지 장례식까지 이어지는 인연을 보면서 스코틀랜드인들이 쿨하게 삶과 죽음을 받아들이는 방식을 보았다. 홋카이도 요이치에서는 한 사람의 집념이 이루어낸 결과를 보며 그 사랑이 하늘에서도 이루어지길 바랐고, 켄터키 루이빌에서는 비즈니스와 효율이 얼마나 아름답게 버번으로 승화하는지까지 목격했다. 앞으로 이어질 이 위스키 여행자로서의 삶에서 내가 얼마나 더 새로운 것을 발견하고 내 삶의 방식을 변화시킬 수 있을지 모르겠지만 하는 데까지는 애써볼 요량이다. 현재까지 나에게 있어 위스키와 위스키 여행이란 그동안 겪어온 진지한 일상의 삶과는 또 다른 진지함이다.

나는 어릴 때부터 또래 아이들보다 호기심이 무척 많았다. 유년 시절부터 늘 다양한 백과사전을 끼고 살았고, 그 틈에서 조그마한 지식의 편린이라도 발견하면 가족과 친구들에게 이를 뻐기면서 전하고 싶어 안달이 났었다. 좀 더 커서는 그 지식의 한 조각들이 조금씩 엮이며 더 큰 지식으로 수렴되는 것에 기뻐했고 그 앎의 과정 자체가 그저 좋았다. 그리고 그 지식의 씨줄과 날줄이 서로 엮여 완전히 다른 새로운 지식으로 만들어질 때는 살아 있다는 희열을 느끼며 생의 의미를 거기에서 찾았었다.

성인이 되어서 일 때문에 자주 접하게 된 위스키와 증류주를 그래서 그저 의미 없게 소비하고 싶지 않았다. 조금씩 알게 된 지식들을 나만의 방식으로 해석하고 모아서 새로운 지식의 저장소를 만들어갔다. 인터넷 검색으로도 충분히 찾을 수 있는 단순한 지식조차도 언젠가는 다른 지식들과 화학반응을 일으켜 완전히 새로운 내용으로 거듭난다는 것도 꽤나 많이 체득했다. 그래서 그런 작은 지식 혹은 사고의 조각들조차도 허투루하지 않고 메모를 하고 모아 정리한 것만 여러 상자로 남았다. 서재 한편에 상자 가득 채워놓은 그 메모 조각들을 바라보며, 언젠가 이 조각들을 글로써 세상에 되돌려주고 싶은 마음을 늘 가지고 있었다. 그러던 차에 우연한 기회로 《포브스》지에 나의 위스키 여행 이야기를 연재하게 되었고, 뜻밖에도 많은 분들이 기존 위스키 관련 글과는 조금 다른 시각의 내 글에 반응을 보여주어 무척 기뻤다. 맨 처음 《포브스》지를 소개해주고 응원해준 김수영 님에게 감사하며, 또한 내 글을 가장 먼저 읽고 응원해준 담당 기자 정소나 님도 큰 힘이 되었다. 물론 내 글을 보고 출간을 허락해주신 사계절출판사 대표님과 내 인생의 첫 책을 이렇게 근사하게 만들어준 편집자에게도 큰 감사를 드린다.

인생의 첫 베네를 먹는 순간이 단 한 번뿐이듯, 인생의 첫 책을 내는 순간도 단 한 번이기에 더욱 모든 분들에게 이 순간 감사하다. 물론 이 모든 것을 가끔은 묵묵히, 대개는 응원의 목소리로 지켜봐준 아내 히데코에게 가장 먼저 감사와 사랑을 전하고 싶다. 우리 부부와 가까운 지인들은 내 아내가 그저 묵묵히 뒤에만 있지는 않았음을 잘 알 것이다. 이 책을 쓰게 된 것도, 더욱이 정말 행복하게 쓰게 된 것도 8할은 아내 덕분이다. 평생을 감사하며 살고 있다. 32년간의 조직 생활에서 처음으로 벗어나 위스키와 또 다른 즐거움을 탐구해가는 내 여정에 나를 사랑하는 많은 분들과 함께 떠날 수 있어 행복하다. 위에서 말해왔던 많은 내 꿈들이 지금 은퇴를 앞두고 있는 내 또래

나 청년들에게 희망을 줄 수도 있다는 것에도 감사하다.

지금은 그 열기가 조금 식었다고는 하지만 여전히 위스키는 다양한 사람들로부터 관심을 받고 있는 대세의 술이다. 와인과는 다른 매력과 마력에 끌려 이미 수많은 위스키 책들이 시중에 나와 있지만, 이런 위스키 책이 가득 실린 책수레에 내가 한 권의 책을 더 보태야 할 이유를 찾아야만 했다. 늘 스스로에게 '너는 무슨 이야기를 할 것인가'를 물어보았다. 새로운 내용을 다른 방식으로 전하는 나만의 글이 되어야, 넘쳐나는 현재의 위스키 관련 책더미 속에 굳이 내가 한 권의 책을 더하는 이유가 될 것이다. 그저 유희처럼 위스키의 스펙과 역사를 알아가는 과정도 물론 즐거운 일탈이지만, 여기에 인간사의 크고 작은 이야기와 역사·문학·지리·예술 및 인문학적인 재미까지 곁들여져 책을 읽는 것만으로도 쉽게 많은 것을 얻어갈 수 있다면 글쓰는 사람으로서는 큰 영광이라고 생각한다. 그래서 최대한 그런 목적에 부합하는 글을 쓰기로 했고,《포브스》지는 좋은 무대가 되어주었다. 매월 연재하는 방식이라 지면 제약이 컸었고, 시사 잡지의 특성상 시의성과 가독성 때문에 미처 다 풀어내지 못한 이면의 이야기도 많아서 책에서는 이것들을 모두 담아서 제대로 전달하고 싶었다.

지식의 심연은 인터넷에서 클릭 한 번으로 쉽게 찾을 수 있는 것이 아니다. 그렇게 찾은 이야기들이 무엇이고 어떤 배경에서 그리했는지, 앞으로는 어떻게 갈 것인지를 스스로 생각할 수 있게 도와주는 글을 쓰고 싶었다. 비록 과문하지만 그래도 나름 최선을 다한 책이 세상에 나온다고 생각하니 기쁘기도 하고, 당연하지만 내 부족함에 대해서는 조금은 뻔뻔스러워지려 한다. 그러지 않고서는 도저히 이를 글로 엮어 세상에 낼 수 없을 것이기에 세상에 먼저 용서를 구하고 책을 엮어내게 되었다. 이 글에서 부족한 내용이나 오류 또한 많을 것이니 언제든 누구에게라도 배우고 고쳐나갈 작정이다. 도와주신, 그리고 앞으로 관심 가져주실 모든 분에게 감사하다. 언제까지나 나는 Still Young으로 살아가며 새로운 인생의 길을 내 방식대로 재미있게 헤쳐나가고자 한다. 젊음은 젊은이들에게 너무 아까운 것이기에, 이제 그 가치를 알 수 있는 나이에 선뜻 다시 찾은 내 새로운 젊음에 감사하며 그만큼 세상에 보답하고자 한다. Still Young 담론은 언제나 내겐 행복이고, 같이하는 모든 이들에겐 즐거움이 될 것이다.